黄河水利委员会治黄著作出版资金资助出版图书

黄河宁夏干流河床演变及河道整治研究

周丽艳　安催花　侯晓明
崔振华　兰　翔　万占伟　编著

黄河水利出版社

·郑州·

内 容 提 要

全书以河流动力学、河床演变学为理论基础，充分借鉴黄河宁夏河段历史治河方略及近 20 年河道整治的研究成果编撰而成；是历次黄河宁夏河段防洪工程可行性研究中有关河道整治成果的总结，是作者多年工作积累的结晶。成果为生产与科研相结合的项目，历次可研成果均被宁夏回族自治区水利厅直接运用于黄河宁夏河段河道工程及跨黄河铁路、公路桥梁的建设，得到了实践的检验。

本书可供从事河床演变、河道整治、防洪及河流动力学研究等方面的专业科技工作者参鉴，也可作为高等院校相关专业的教学参考用书。

图书在版编目(CIP)数据

黄河宁夏干流河床演变及河道整治研究/周丽艳等编著．—郑州：黄河水利出版社,2017.5
ISBN 978 - 7 - 5509 - 1773 - 6

Ⅰ.①黄…　Ⅱ.①周…　Ⅲ.①黄河－河道演变－研究－宁夏　②黄河－河道整治－研究－宁夏　Ⅳ.①TV147②TV882.1

中国版本图书馆 CIP 数据核字(2017)第 133705 号

组稿编辑:崔潇菡　电话:0371 - 66023343　E-mail:cuixiaohan815@ 163. com

出 版 社:黄河水利出版社
　　　　地址:河南省郑州市顺河路黄委会综合楼 14 层　邮政编码:450003
发行单位:黄河水利出版社
　　　　发行部电话:0371 - 66026940、66020550、66028024、66022620(传真)
　　　　E-mail:hhslcbs@ 126. com
承印单位:郑州新海岸电脑彩色制印有限公司
开本:787 mm ×1 092 mm　1/16
印张:13.5
字数:312 千字　　　　　　　　　　印数:1—1 000
版次:2017 年 5 月第 1 版　　　　　印次:2017 年 5 月第 1 次印刷
定价:68.00 元

前　言

　　黄河是世界上最复杂、最难治理的河流之一,它以"善淤、善徙、善决"而著称于世,威胁堤防安全。经数代人的不懈努力、探索,并耗巨资进行防洪工程建设,形成了目前的防洪工程体系,保障了黄河干流的岁岁安澜。

　　黄河宁夏干流大部分河段属冲积性平原河道,由于泥沙淤积,河势变化较大,洪凌灾害严重。经过多年的治理,减轻了洪凌灾害的程度。但目前部分河段河势仍未得到有效控制,洪凌安全隐患依然存在。黄河宁夏干流沿黄两岸是人口相对密集的地方,主要为回、汉民族的居住区。黄河防洪工程一旦失事,势必造成重大的国民经济损失,对宁夏回族自治区的经济建设及社会安定团结将造成巨大的影响。因此,为确保黄河宁夏干流河段的防洪安全,减少洪凌灾害损失,研究黄河宁夏干流河床演变及河道整治方案,具有重要的社会意义和政治意义,对治黄工作也有巨大的推动作用。

　　自1995年开始进行大规模的河道整治以来,作者先后5次历时20年,参与编制了《黄河宁蒙河段1996年至2000年防洪工程建设可行性研究》(1996年)、《黄河宁蒙河段2001年至2005年防洪工程建设可行性研究》(2002年)、《黄河宁蒙河段近期防洪工程建设可行性研究》(2008年)、《黄河宁夏河段近期防洪工程建设可行性研究》(2009年)及《黄河宁夏河段二期防洪工程建设可行性研究》(2014年)报告。历次可研河道整治的建设目标为:逐步强化河床边界,规顺中水河槽,减小主流摆动范围,改善现状不利河势,以达到有利防洪之目的。

　　本书系历次黄河宁夏河段防洪工程可行性研究中有关河道整治成果的总结。全书以河流动力学、河床演变学为基础,充分借鉴黄河宁夏干流历史治河方略及近20年河道整治的研究成果、积累的经验和教训,理论联系生产,论述了河道整治取得的巨大成就,保障了沿黄地区人民生命财产的安全和国民经济的发展。

　　黄河宁夏干流河型主要为分汊型和游荡型,治理难度较大。1996年开始第一次可研时,借鉴黄河下游微弯型整治的方案,进行了系统的规划。作者经过20多年的理论研究、跟踪及工程实践,在治河理念上有所创新。全书从以下几个方面论述了古今治河方略及河道整治的历史演进。从河道平面形态、床沙组成及河床演变特征等,量化了不同河段综合稳定性指标,研究提出了不同河段的河型,分析了自然因素和人为因素对河型形成的促进作用。分析了历次河势变化;研究来水来沙条件及现状河道整治工程对河势的影响;首次研究了河床泥沙组成对河型及河势变化的影响。采取理论指导实践、实测资料分析及河道原型观测等多种手段,分析了已采取的河道整治方案及措施;提出微弯型整治不仅适用于游荡型河道,在分汊型的部分河段也取得了较好的效果。研究了微弯型整治方案之利弊、作用、适用条件、方案拟订及工程布置原则。

　　提出冲积性河流的河道整治,应根据河型拟订相应的河道整治方案,应符合水流运动及河床的演变规律,不强行改变水流的走向及节点的入出流方向;防洪抢险要具有预见性、主动性,护滩优于护堤等;根据河道原型观测,将河道分为微弯型整治效果好、效果不理想、目前条件不具备及不适宜等四类,按类别进行整治。为黄河宁夏干流河段的整治提供技术依据,对河道整治学科的发展具有促进作用。

历次可研成果均被宁夏水利厅直接运用于防洪工程建设及跨黄河铁路、公路桥梁的建设,实践证明研究成果具有较强的可行性和正确性,部分研究成果已纳入《黄河治理规划纲要》、《黄河流域综合规划》和《黄河流域防洪规划》等规划中,历次成果均通过水利部水利水电规划设计总院及国家发展和改革委员会的正式审批;其中《黄河治理规划纲要》《黄河流域防洪规划》通过国务院的审批,《黄河流域防洪规划》荣获2009年度全国优秀工程咨询成果一等奖。

工作中,我们得到了国家发展和改革委员会、水利部水利水电规划设计总院、宁夏回族自治区水利厅、宁夏水利水电勘测设计研究院有限公司、黄河水利委员会等有关单位及胡一三、胡建华、侯传河、张艳春、李世滢、陈建国、江恩惠、曹长胜、王新军、孙建书、刘继祥、张会言等专家的大力支持,还得到了黄河勘测规划设计有限公司水文泥沙所全体同仁的多方面帮助,在此一并表示感谢。

河道整治是一项非常复杂的工程体系,是一门正在发展的学科。对许多问题的认识有待于进一步深化、实践和检验;加之时间仓促,水平所限,文中欠妥和谬误之处在所难免,敬希读者批评指正。

作 者
2016 年 9 月

目　录

第1章　流域及河道概况

1.1　流域概况

黄河是我国的第二大河,发源于青藏高原的巴颜喀拉山北麓的约古宗列盆地,流经青海、四川、甘肃、宁夏、内蒙古、山西、陕西、河南、山东九省(区),在山东省垦利县注入渤海。干流全长5 464.0 km,流域面积79.5万 km²(包括内流区面积4.2万 km²)。

黄河流域位于东经95°53′~119°05′、北纬32°10′~41°50′,西起青藏高原的巴颜喀拉山,东临渤海,北抵阴山,南至秦岭,横跨青藏高原、内蒙古高原、黄土高原和华北平原四个地貌单元。地势大体西高东低,可分为三个阶梯,西部在青藏高原东侧,海拔在3 000 m以上,中部属黄土高原,海拔为1 000~2 000 m,东部属华北平原,高程在100 m以下。自河源至内蒙古托克托县的河口镇为上游,河口镇至河南郑州的桃花峪为中游,桃花峪至入海口为下游,流域概况见图1-1。

(1)上游河段:自河源至内蒙古托克托县的河口镇为上游段,河长3 472.0 km,流域面积42.8万 km²。龙羊峡以上河段是黄河径流的主要来源区和水源涵养区,地势平坦,多为草原、湖泊和沼泽;玛多至玛曲区间,黄河流经巴颜喀拉山与阿尼玛卿山之间的古盆地和低山丘陵,大部分河段河谷宽阔,间有几段峡谷;玛曲至龙羊峡区间,黄河流经高山峡谷,水量相对丰沛,水流湍急,水力资源较丰富;龙羊峡至宁夏回族自治区境内的下河沿,川峡相间,落差集中,水力资源十分丰富,是我国重要的水电基地;下河沿至河口镇,黄河流经宁蒙平原,河道展宽,比降平缓,沿河平原不同程度地存在洪水和冰凌灾害,特别是三盛公以下河段,是黄河自低纬度流向高纬度的河段,凌汛期易形成冰塞、冰坝,往往造成堤防决溢,威胁两岸人民群众的生命财产安全。黄河内蒙古河段防凌、防洪形势严峻。

(2)中游河段:河口镇至河南郑州的桃花峪为中游,河道长1 206.0 km,流域面积34.4万 km²,河段内绝大部分支流地处黄土高原地区,暴雨集中,水土流失十分严重,是黄河洪水和泥沙的主要来源区。

(3)下游河段:桃花峪以下为下游,河道长786.0 km,流域面积2.3万 km²,汇入的较大支流有三条。现状河床高出背河地面4.0~6.0 m,成为淮河和海河流域的分水岭,是举世闻名的"地上悬河"。从桃花峪至河口,除南岸东平湖至济南区间为低山丘陵外,其余全靠堤防挡水,历史上堤防决口频繁,目前悬河、洪水依然严重威胁黄淮海平原地区的安全,是中华民族的心腹之患。

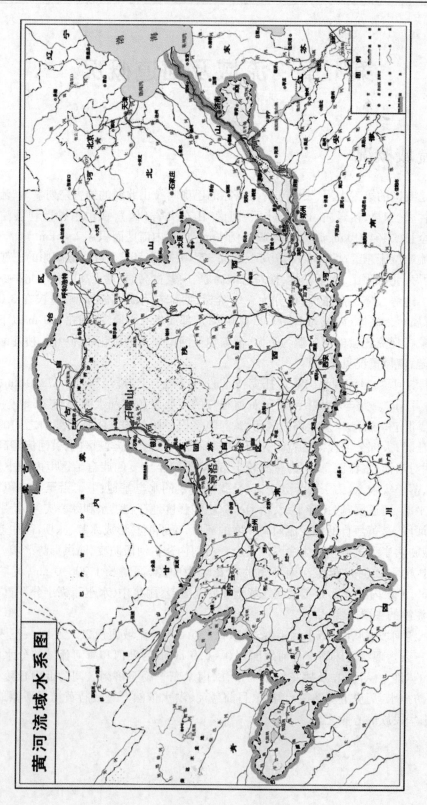

图 1-1　黄河流域水系图

1.2 整治河道概况

1.2.1 河道概况

黄河宁夏干流河段(简称宁夏河段,下同)位于宁夏回族自治区境内,自中卫市南长滩翠柳沟入境至石嘴山市惠农区头道坎的麻黄沟出境,全长 397.0 km。受黑山峡、青铜峡和鄂尔多斯台地三大天然节点的约束,呈一缩一放的葫芦状地貌,形成卫宁、银川两大平原。全河段由峡谷段、库区段和平原段三部分组成。峡谷段由黑山峡和石嘴山峡谷组成,总长 86.1 km,其中黑山峡峡谷段规划有大柳树水利枢纽;库区段为青铜峡库区,自中宁县枣园(青铜峡库尾,下同)至青铜峡水利枢纽坝址,全长 44.1 km;平原段总长 266.7 km,为宁夏黄河干流段的治理河段(指沙坡头至枣园、青铜峡坝址至石嘴山大桥,下同),均为冲积性平原河道。

按河道床沙组成、平面形态及演变特性,翠柳沟至麻黄沟之间可分为七个河段。河道特性见表 1-1,水系、水文站及水库分布见图 1-2。

表 1-1 黄河宁夏干流河道基本特性

河段	河型	河长 (km)	主槽宽 (m)	平均河宽 (m)	比降 (‰)	弯曲率
翠柳沟至沙坡头坝址 (黑山峡峡谷)		61.50	200	200	0.87	1.8
沙坡头坝下至枣园	分汊型	75.06	640	930	0.82	1.16
枣园至青铜峡坝址 (库区段)		44.14	400~700	500~4 000		—
青铜峡坝下至仁存渡	分汊型	39.72	560	790	0.62	1.16
仁存渡至头道墩	过渡型	69.21	990	2 020	0.15	1.21
头道墩至石嘴山大桥	游荡型	82.75	1 250	2 760	0.19	1.23
石嘴山大桥至麻黄沟 (石嘴山峡谷)		24.62	400	400	0.59	1.5
合计		397.00				

1.2.1.1 翠柳沟至沙坡头坝址河段

该河段为黑山峡峡谷的尾端,长 61.50 km,河槽束范于两岸高山之间,河宽 150~500 m,平均为 200 m,河道纵比降为 0.87‰,弯曲率为 1.8。河道受两岸山体挟持,河势多年基本稳定。

1.2.1.2 沙坡头坝下至枣园河段

枣园为青铜峡水库的入库断面,沙坡头坝下至枣园河段长 75.06 km,河宽 500~

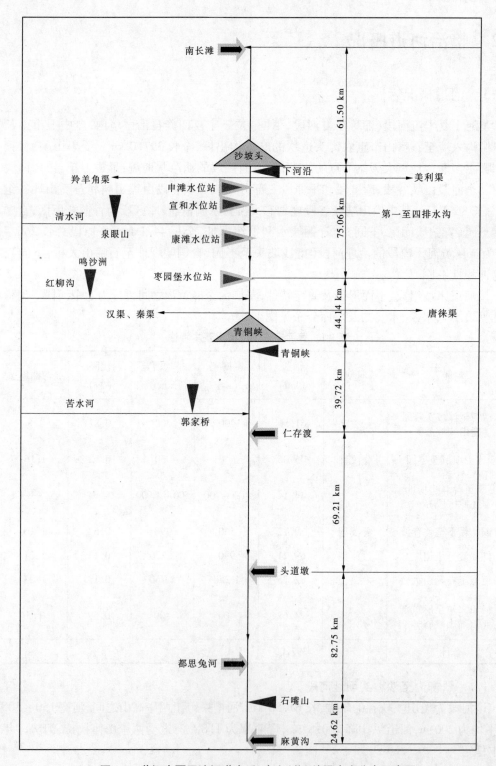

图 1-2　黄河宁夏干流河道水系、水文(位)站及水库分布示意图

1 500 m,平均宽为 930 m,主槽宽 300~1 000 m,平均宽约 640 m。河道纵比降为 0.82‰,弯曲率为 1.16。河出沙坡头水利枢纽后,水面逐渐展宽,由于水库每年汛后拉沙,泥沙落淤;洪水漫溢时,悬移质泥沙落淤于滩面。因此,河床具有典型的二元结构,下部为砂卵石,上部覆盖有砂土。河道内心滩发育,汊河较多,水流分散,水流多为 2~3 股,属分汊型河道。经过多年的整治,局部河段已基本稳定。其河床演变主要表现为主、支汊的兴衰及心滩的消长,主流顶冲滩岸,造成险情。

1.2.1.3　枣园至青铜峡坝址

枣园至青铜峡坝址为库区段,长 44.14 km,库区宽 500~4 000 m。青铜峡坝址至上游 8.0 km 处为峡谷河道,峡谷以上河床宽浅,水流散乱,其河床演变除受来水来沙条件及河床边界条件的影响外,还与水库的运用方式密切相关。20 世纪 80 年代以来,水库已形成较为稳定的滩槽形态,主槽宽度为 400~700 m。

1.2.1.4　青铜峡坝下至仁存渡河段

青铜峡坝下至仁存渡河段长 39.72 km,河出青铜峡水利枢纽后,水面展宽,砂卵石河床。仁存渡为砂卵石与砂质河床的分界点。河道内心滩发育,汊河较多,水流分散,水流多为 2~3 股,属分汊型河道,经过多年的整治,局部河段已基本稳定。河床演变主要表现为主、支汊的兴衰及心滩的消长,主流顶冲滩岸,造成险情。

该河段宽 300~1 290 m,平均宽 790 m;主槽宽 240~1 150 m,平均宽约 560 m。河道纵比降为 0.62‰,弯曲率为 1.16。

1.2.1.5　仁存渡至头道墩河段

该河段为由分汊型向游荡型的过渡型河段,河床组成由砂卵石过渡为砂质,右岸受鄂尔多斯台地控制,形成若干处节点。平面上出现多处大的河湾,心滩较少,边滩发育。其河床演变主要表现为单向侧蚀,主流摆动较大。抗冲能力弱的一岸,水流坐弯时,常造成滩岸坍塌,出现险情。

该河段长 69.21 km,河宽 1 000~4 000 m,平均宽 2 020 m;主槽宽 550~1 770 m,平均宽约 990 m。河道纵比降为 0.15‰,弯曲率为 1.21。

1.2.1.6　头道墩至石嘴山大桥河段

该河段为游荡型河段,长 82.75 km,河宽 1 800~6 000 m,平均约 2 760 m。主槽宽 500~2 500 m,平均约 1 250 m。河道纵比降 0.19‰,弯曲率 1.23。该河段受右岸台地和左岸堤防控制,平面上宽窄相间,呈藕节状,断面宽浅,水流散乱,沙洲密布,河床抗冲性差,冲淤变化较大,主流摆动剧烈。由于工程布点少,两岸主流顶冲点不定,经常出现险情。

1.2.1.7　石嘴山大桥至麻黄沟河段

该河段黄河穿行于右岸桌子山及左岸乌兰布和沙漠之间,长 24.62 km,属峡谷河道,平均河宽约 400 m,河道纵比降为 0.59‰,受右岸山体和左岸高台地制约,河势多年基本稳定。

1.2.2　水系概况

宁夏河段较大的支流有清水河、红柳沟和苦水河,分别设有泉眼山、鸣沙洲和郭家桥等水文站。境内排水沟众多,左岸大的排水沟有第一至四排水沟;右岸有众多小的排水沟。

1.2.3　水库概况

1.2.3.1　沙坡头水库

沙坡头水利枢纽位于宁夏中卫市境内,是以灌溉、发电为主的大(2)型水利枢纽工程。控制流域面积25.3万km²,多年平均径流量为336.0亿m³,总库容2 600万m³,灌溉面积87.7万亩(1亩=1/15 hm²,下同),总装机容量120.3 MW。由于黄河干流来沙量较大,枢纽设计有底坎泄洪排沙闸,电站设排沙孔;并采取"确保灌溉、清水发电、浑水排沙"的运用方式。工程于2004年9月底竣工。

1.2.3.2　青铜峡水电站

青铜峡水电站位于宁夏境内的青铜峡市,是一座以灌溉、发电为主,结合防洪、防凌等综合利用的大型水利枢纽工程。枢纽控制流域面积28.5万km²,坝址处多年平均径流量为320.7亿m³,输沙量为1.52亿t。设计洪水百年一遇流量为7 300 m³/s,相应水位为1 157.00 m;校核洪水千年一遇流量为9 280 m³/s,相应水位为1 158.80 m。正常高水位为1 156.00 m,相应库容为5.65亿m³,实测原始库容为6.06亿m³。水库于1958年8月动工兴建,1960年2月截流,1967年4月开始下闸蓄水,同年12月28日第一台机组发电,1978年8台机组全部建成投产。

青铜峡水库运用方式可分为三个阶段:第一阶段为蓄水运用,即1967年4月至1971年汛末,水库经过近5年的运用,库容已由设计的6.06亿m³减少至0.79亿m³,库容总损失高达87.0%,平均年淤积率为17.4%,列全国水库淤积之冠。

第二阶段为汛期降低水位蓄清排浑运用:1971年汛末至1975年,为减缓水库的淤积速度,汛期控制库水位在1 154.00 m左右进行,充分发挥排沙孔的作用,利用汛期的大流量进行沿程及溯源冲刷,收到了显著的排沙效果,使库容年际变化有冲有淤,基本达到了冲淤平衡。

第三阶段为蓄水运用结合沙峰期及汛末排沙运用的方式:1975年汛末至1991年,由于宁夏电力系统负荷增长的需要,使青铜峡水库汛期抬升水位至正常高水位运行,仅在发生较大洪峰和沙峰时,才短时期降低水位进行排沙。由于长期高水位运行,滩库容淤满,仅剩下冲淤相对平衡的槽库容,即终极库容。

从1991年开始,采用汛期沙峰"穿堂过",结合汛末冲库拉沙方式进行冲库拉沙运用。汛前制定相应的排沙标准;根据预报,提前降低水库水位,开启排沙底孔排沙,将泥沙尽可能多地排出库外;汛末选择有利时机,进行一次机组全停、放空水库的拉沙运用。

第 2 章　径流泥沙

2.1　水文基本资料

黄河宁夏干流下河沿至石嘴山河段共有 3 个水文站,自上至下依次为下河沿水文站、青铜峡水文站和石嘴山水文站,其中下河沿水文站为入境站,石嘴山水文站为出境站。各水文站观测的项目主要有水位、流量、泥沙、水温等,青铜峡水文站以下各站还观测有冰情资料。

宁夏河段较大的入黄支流有清水河、南河子沟、红柳沟、清水沟、苦水河,并设置入黄测站。控制黄河引水、退水的渠道测站和排水沟测站多处,见表 2-1。

各水文、水位站的水文资料均经过整编审查,可以满足宁夏河段工程设计的要求。

表 2-1　宁夏河段主要水文测站资料一览表

项目	名称	建成时间	水文站名称	设站监测时间	资料起止年份	
					流量	输沙率
水文站	黄河	天然	下河沿	1951 年 5 月	1951 年迄今（缺 1957~1964 年）	1951 年迄今（缺 1957~1964 年）
引黄渠	扶农渠	民国政府时期	迎水桥	1965 年 4 月	1965~1990 年	无
	跃进渠	1958 年	胜金关	1963 年 1 月	1960~1991 年	1981~1988 年
	七星渠	公元前 92 年	申滩	1978 年 1 月	1978~2005 年	1978~2005 年
	东干渠	1975 年	东干渠	1975 年 9 月	1975~1990 年	1975~1990 年
	唐徕渠	公元前 102 年	青铜峡	1960 年 4 月	1960 年迄今	1960 年迄今
	汉渠	公元前 119 年	青铜峡	1945 年 5 月	1953 年迄今	1953 年迄今
	秦渠	公元前 214 年	青铜峡	1945 年 5 月	1953 年迄今	1953 年迄今
	羚羊寿渠	清代			无	无
	其他引水渠				无	无

续表 2-1

项目	名称	建成时间	水文站名称	设站监测时间	资料起止年份	
					流量	输沙率
排水沟	第一排水沟	1950 年	胜金关	1963 年 1 月	1963 年迄今	1981 年迄今（缺 1991 年）
	第五排水沟				无	无
	第六排水沟				无	无
	第八排水沟				无	无
	金丁沟				无	无
	合作沟				无	无
	铁桶沟				无	无
	碱沟				无	无
	其他排水沟				无	无
入黄支流	清水河	天然	泉眼山	1953 年 8 月	1960 年迄今	1954 年迄今
	南河子沟	天然	南河子	1962 年 2 月	1962 年迄今	1962 年迄今
	红柳沟	天然	沙鸣洲	1958 年 7 月	1960 年迄今（缺 1971～1980 年）	1958 年迄今（缺 1971～1980 年）
	北河子沟	天然			无	无
水文站	黄河	天然	青铜峡	1939 年 5 月	1950 年迄今	1950 年迄今
排水沟	南干沟		新华桥	1967 年 5 月	1969～1975 年	无
	反帝沟	1970 年	反帝沟	1972 年 5 月	1972～1975 年	无
	丰登沟		龙门桥	1969 年 5 月	1969～1975 年	无
	第一排水沟	1951 年	望洪堡	1956 年 5 月	1960～2013 年	1960～2013 年（缺 1967～1971 年、1989～1991 年）
	第二排水沟	1952 年	贺家庙	1956 年 4 月	1960～2013 年	1957～1966 年 + 1985～2013 年（缺 1989～1991 年）
	第四排水沟	1956 年	通伏堡（二）	1957 年 5 月	1960～2013 年	1960～2013 年（缺 1967～1971 年、1989～1991 年）
	第五排水沟	1957 年	熊家庄（三）	1958 年 7 月	1960～2013 年	1960～2013 年（缺 1967～1971 年、1989～1991 年）
	第三排水沟	1953 年	达家梁子（二）	1956 年 4 月	1960～2013 年	1960～2013 年（缺 1967～1971 年、1989～1992 年）

续表 2-1

项目	名称	建成时间	水文站名称	设站监测时间	资料起止年份	
					流量	输沙率
排水沟	龙须排水沟				无	无
	胜利沟	1974 年			无	无
	团结沟				无	无
	天子渠				无	无
	中干沟				无	无
	梧桐树沟				无	无
	西排水沟				无	无
	第一农场渠				无	无
	东排水沟				无	无
	永清沟				无	无
	水洞沟				无	无
	永二干沟				无	无
	银东干渠				无	无
	第七排水沟				无	无
	滂渠				无	无
	银新干沟	1973 年			无	无
	通义渠				无	无
	其他排水沟				无	无
入黄支流	清水沟	天然	新华桥（三）	1956 年 5 月	1960 年迄今	1955 年迄今
	苦水河	天然	郭家桥（三）	1954 年 10 月	1960 年迄今	1955 年迄今
	都思兔河	天然			无	无
水文站	黄河	天然	石嘴山	1942 年 9 月	1950 年迄今	1951 年迄今

2.2　径流泥沙

2.2.1　干流水沙特点

2.2.1.1　干流来水来沙特点

1. 来水来沙异源

宁夏河段的水量主要来自上游吉迈至唐乃亥和循化至兰州区间,区间汇集了黑河、白河、洮河、大通河、湟水等 20 多条支流,年来水量占下河沿断面年径流量的 60% 以上。沙量主要来自干流兰州以上、兰州至下河沿区间的支流及宁夏境内的清水河、红柳沟和苦水河等主要支流。

2. 水沙量年际变化大

图 2-1 为下河沿水文站历年实测水沙量过程,下河沿水文站最大年水量为 1966 年的 509.1 亿 m³(按运用年,下同),为最小年水量 188.6 亿 m³(1996 年)的 2.7 倍;最大年沙量为 1958 年的 4.41 亿 t,为最小年沙量 0.22 亿 t(2003 年)的 20 倍。

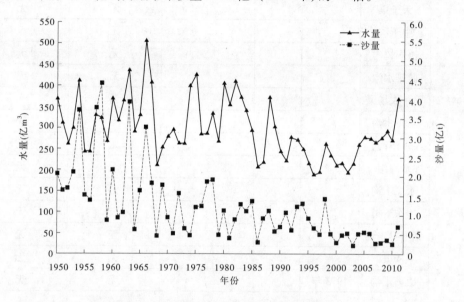

图 2-1　下河沿水文站历年实测水沙量过程

3. 水沙量年内分配不均

黄河上游来水来沙量在年内的分配比较集中,来水量受季节影响,主要由暴雨形成,多集中于 7 ~ 10 月,上游干流各站汛期水量占全年水量的 40% ~ 60%,非汛期水量主要由地下水补给,径流甚微。输沙量的分配比水量更为集中,汛期沙量占年沙量的 90% 左右,其中又以 7 月、8 月沙量最多,更集中于几场暴雨洪水。

2.2.1.2　近期水沙变化

近年来,由于黄河流域降雨偏少、沿河工农业用水增加、水库调节及水土保持的减水减沙作用,来水来沙量发生了较大变化,主要表现在以下几个方面。

1. 水沙量减少幅度大

表 2-2 为下河沿断面 1950 年 11 月至 2012 年 10 月水沙特征值。下河沿断面多年平均水量为 297.3 亿 m³,汛期水量占全年水量的 52.3%;年平均沙量为 1.21 亿 t,汛期沙量占全年沙量的 84.3%。

天然状态下(1950 年 11 月至 1961 年 10 月),下河沿断面年平均水量为 313.1 亿 m³,其中汛期、非汛期的水量分别占年水量的 62.2% 和 37.8%;年平均沙量为 2.31 亿 t,其中汛期、非汛期的沙量分别占年沙量的 88.3% 和 11.7%。

表 2-2　下河沿断面 1950~2012 年水沙特征值

时段 （年-月）	大型水库 运用情况	水量（亿 m³）			沙量（亿 t）		
		11 月至 翌年 6 月	7~10 月	11 月至 翌年 10 月	11 月至 翌年 6 月	7~10 月	11 月至 翌年 10 月
1950-11~1961-10	天然状态	118.5	194.6	313.1	0.27	2.04	2.31
1961-11~1968-10	盐锅峡水库运用	146.4	234.0	380.4	0.29	1.61	1.90
1968-11~1986-10	刘家峡水库运用	149.8	169.1	318.9	0.18	0.89	1.07
1986-11~2012-10	龙刘水库	145.2	108.1	253.3	0.14	0.51	0.65
2011-11~2012-10	联合运用	169.4	200.7	370.1	0.11	0.58	0.69
1950-11~2012-10		141.9	155.4	297.3	0.19	1.02	1.21

　　盐锅峡水库位于刘家峡水库下游 31.6 km 处，于 1961 年 11 月蓄水发电。1961 年 11 月至 1968 年 10 月，该时段上游来水量较大，下河沿断面年平均来水量为 380.4 亿 m³，其中汛期来水占年水量的 61.5%；由于盐锅峡水库的拦沙作用，年平均来沙量为 1.90 亿 t，为天然状态下的 82.2%。

　　1968 年刘家峡水库投入运用，1968 年 11 月至 1986 年 10 月下河沿断面汛期水量占年水量的比值由天然状态下的 62.7% 下降为 53.0%；汛期、非汛期来沙量均有所减少，汛期来沙量仅为天然状态下的 43.6%，非汛期沙量减少幅度不大。

　　1986 年 10 月龙羊峡水库投入运用以来，下河沿断面 1986 年 11 月至 2012 年 10 月年平均水量为 253.3 亿 m³，为天然状态下的 80.9%，汛期水量减少尤其突出，为天然状态下的 55.5%；年平均沙量为 0.65 亿 t，为天然状态下的 28.1%，汛期沙量减少尤其突出，为天然状态下的 25.0%。

　　2. 年内水量的分配比例发生了变化

　　下河沿断面 1950 年 11 月至 1961 年 10 月汛期平均水量占年水量的比值为 62.2%，1986~2012 年汛期平均水量仅占全年水量的 42.7%。

　　3. 汛期大流量出现机遇大幅度减少

　　1）1951~1968 年各级流量特征值

　　从下河沿断面汛期各级流量出现天数统计分析（见表 2-3），天然状态下 1951~1968 年，汛期流量级主要集中在 1 000~3 000 m³/s，出现天数为 94.4 d，占总天数的 76.7%、水量占 73.5%、沙量占 79.1%。由此可见，下河沿断面沙量的输送主要集中在 1 000~3 000 m³/s 流量级。2 000~3 000 m³/s 出现的天数为 39.6 d，占总天数的 32.2%，水量占 39.7%、沙量占 49.8%。汛期日平均流量大于 3 000 m³/s 的天数为 14.4 d，占总天数的 11.7%。

　　2）1969~1986 年各级流量特征值

　　1968 年 10 月刘家峡水库投入运用后，宁夏河段来水来沙发生了变化，1969~1986 年，汛期流量级主要集中在 500~2 000 m³/s，出现天数为 90.2 d，占总天数的 73.3%；但水沙量占汛期比重大的流量级仍然在 1 000~3 000 m³/s，水量占 67.7%、沙量占 71.4%。2 000~3 000 m³/s 出现的天数减少为 20.1 d，占总天数的 16.3%，水量占 25.3%、沙量占

22.2%,较上一时段均有所减少。汛期日平均流量大于 3 000 m³/s 的天数较天然情况也有所减少,为 10.4 d,占总天数的 8.4%。

刘家峡水库运用后,500 ~ 1 000 m³/s、1 000 ~ 2 000 m³/s 出现的天数有所增加,大于 2 000 m³/s 出现的天数有所减少。

表 2-3　下河沿断面不同时段汛期年平均各流量级出现天数及水沙特征值

时段	流量级 (m³/s)	出现天数 (d)	平均流量 (m³/s)	平均输沙率 (t/s)	水量 (亿 m³)	沙量 (万 t)
1951 ~ 1968 年 (18 年)	0 ~ 500	0.6	414	0.3	0.2	1
	500 ~ 1 000	13.6	826	2.7	9.7	318
	1 000 ~ 2 000	54.8	1 497	10.6	70.9	5 019
	2 000 ~ 3 000	39.6	2 428	24.9	83.1	8 519
	3 000 ~ 4 000	11.7	3 441	24.0	34.8	2 426
	4 000 ~ 5 000	1.9	4 446	38.5	7.3	632
	>5 000	0.8	5 076	29.5	3.5	204
	合计	123			209.5	17 119
1969 ~ 1986 年 (18 年)	0 ~ 500	2.3	450	0.2	0.9	4
	500 ~ 1 000	29.4	824	3.5	20.9	889
	1 000 ~ 2 000	60.8	1 361	8.4	71.5	4 413
	2 000 ~ 3 000	20.1	2 464	11.5	42.8	1 997
	3 000 ~ 4 000	8.6	3 484	18.3	25.9	1 360
	4 000 ~ 5 000	1.5	4 343	19.6	5.6	254
	>5 000	0.3	5 490	21.2	1.4	55
	合计	123			169.0	8 972
1987 ~ 2012 年 (26 年)	0 ~ 500	1.2	332	1.3	0.4	17
	500 ~ 1 000	70.5	820	2.7	48.3	1 764
	1 000 ~ 2 000	47.7	1 181	10.2	50.4	2 824
	2 000 ~ 3 000	2.4	2 274	32.4	5.1	309
	3 000 ~ 4 000	1.2	3 184	10.4	3.9	128
	4 000 ~ 5 000	0	0	0	0	0
	>5 000	0	0	0	0	0
	合计	123			108.1	5 042

续表 2-3

时段	流量级 （m³/s）	出现天数 （d）	平均流量 （m³/s）	平均输沙率 （t/s）	水量 （亿 m³）	沙量 （万 t）
	0 ~ 500	0	0	0	0	0
	500 ~ 1 000	1	961	2.6	0.8	22
	1 000 ~ 2 000	77	1 462	2.4	97.3	1 567
2012 年	2 000 ~ 3 000	34	2 465	11.0	72.4	3 222
	3 000 ~ 4 000	11	3 156	10.5	30.0	998
	4 000 ~ 5 000	0	0	0	0	0
	>5 000	0	0	0	0	0
	合计	123			200.5	5 809

注：下河沿水文站 1957 ~ 1964 年改为水位站。

3）1987 ~ 2012 年各级流量特征值

1986 年 10 月龙羊峡水库开始运用后，龙刘水库联合运用，进入该河段的大流量天数进一步减少。汛期水量主要集中在 500 ~ 2 000 m³/s 流量级，出现天数占总天数的96.1%，其中 500 ~ 1 000 m³/s 流量级出现的天数为 70.5 d，占总天数的 57.3%；水、沙量占汛期比重大的流量级在 500 ~ 2 000 m³/s，水量占 91.3%、沙量占 91.0%。2 000 ~ 3 000 m³/s 出现的天数骤减为 2.4 d，占总天数的 2%；汛期年平均流量大于 3 000 m³/s 的天数更是减少为 1.2 d，仅占总天数的 1.2%。龙羊峡水库运用后，大流量级出现的概率明显减少，500 ~ 2 000 m³/s 出现的天数由 1951 ~ 1968 年的 55.6% 增加到 96.1%，大于 2 000 m³/s 流量的天数几乎很少出现。

2012 年来水偏丰，大流量出现的天数较 1986 年以后平均情况增加较多。2 000 ~ 3 000 m³/s 流量级出现的天数为 34 d，占总天数的 27.6%；3 000 ~ 4 000 m³/s 出现的天数骤减为 11 d，占总天数的 8.9%；2 000 m³/s 流量级以上天数出现比例由 1951 ~ 1968 年的43.9% 下降至 36.6%。

2.2.1.3　2012 年来水来沙特性

2012 年 6 月下旬以来，黄河上游出现大范围、持续时间长的降雨过程，兰州水文站以上 7 ~ 10 月面平均降雨量达 303.8 mm，特别是 7 ~ 8 月，黄河上游兰州以上累计降雨量232.0 mm，部分站点降雨量创有观测记录以来最大。宁夏中北部发生局地强降雨，银川、石嘴山等地区先后出现较大范围强降雨过程，降雨量在 29.0 ~ 264.0 mm。受其影响，黄河上游干支流自 6 月下旬至 9 月中旬先后发生了洪水，宁夏河段出现多次洪峰过程，形成自 1989 年以来的最大洪水，下河沿断面最大洪峰流量为 3 520 m³/s（8 月 27 日 9 时），青铜峡断面最大洪峰流量为 3 070 m³/s（8 月 28 日 19 时），石嘴山断面最大洪峰流量为3 400 m³/s（8 月 31 日 20 时）。该次洪水历时长、洪量大、水位表现高、大流量持续时间长。

本次洪水持续时间为 71 d，超过历史大洪水的最长历时（最长 1967 年为 62 d），下河沿断面流量保持在 3 000 m³/s 以上 11 d,2 500 m³/s 以上 28 d,2 000 m³/s 以上 45 d,石嘴山断面 2 000 m³/s 以上达到 49 d,2 500 m³/s 以上 38 d。

据统计,2012 年汛期的水量为 206.0 亿 m³,比 1986～2012 年多年平均水量多 98.0 亿 m³;沙量基本持平。

2.2.2　区间水沙特点

龙刘水库联合运用后,尽管上游来沙量有所减少,但由于黄河水沙异源,支流来沙及入黄风沙都没有减少,因此沙量减少的影响不如水量调平影响的幅度大。

2.2.2.1　支流来水来沙

宁夏河段较大的支流有清水河、红柳沟、苦水河和都思兔河 4 条,其中支流来沙以清水河为主。1960 年 11 月至 2010 年 10 月,支流年平均来水来沙量分别为 7.49 亿 m³ 和 0.345 亿 t(见表 2-4)。1986 年 11 月至 2010 年 10 月年平均来沙量为 0.441 亿 t,比多年平均值增大 28.1%,增大的沙量主要是来自清水河。

表 2-4　宁夏河段支流入黄控制水文站水沙特征

时段 (年-月)	水量(亿 m³)			沙量(亿 t)		
	11 月至 翌年 6 月	7～10 月	11 月至 翌年 10 月	11 月至 翌年 6 月	7～10 月	11 月至 翌年 10 月
1960-11～1968-10	2.82	4.40	7.22	0.030	0.249	0.279
1968-11～1986-10	3.26	4.02	7.28	0.037	0.208	0.245
1986-11～2010-10	3.92	3.81	7.73	0.053	0.388	0.441
1960-11～2010-10	3.50	3.99	7.49	0.044	0.301	0.345

清水河是沙坡头至石嘴山河段来沙量最大的支流,清水河泉眼山站 1960 年 11 月至 2010 年 10 月多年平均水量为 1.10 亿 m³,其中汛期水量占年水量的 66.4%;年平均沙量为 0.25 亿 t,其中汛期沙量占年沙量的 88.0%,见表 2-5。

表 2-5　宁夏支流清水河泉眼山水文站水沙特征

时段 (年-月)	水量(亿 m³)			沙量(亿 t)		
	11 月至 翌年 6 月	7～10 月	11 月至 翌年 10 月	11 月至 翌年 6 月	7～10 月	11 月至 翌年 10 月
1960-11～1968-10	0.47	1.05	1.52	0.02	0.19	0.21
1968-11～1986-10	0.25	0.52	0.77	0.03	0.15	0.18
1986-11～2010-10	0.42	0.77	1.19	0.03	0.29	0.32
1960-11～2010-10	0.37	0.73	1.10	0.03	0.22	0.25

清水河来水来沙年际变化较大(见图 2-2),最大年水量为 1963 年的 3.71 亿 m³,为最小年水量 0.23 亿 m³(1959 年)的 16.1 倍;最大年沙量为 1957 年的 1.17 亿 t,次大年份出现在 1995 年为 1.04 亿 t,最大年份沙量为最小年沙量 0.002 亿 t(1959 年)的 585 倍;另外,清水河在 1970~1990 年连续出现近 20 年的枯水枯沙期。

从近期来水来沙分析,1986 年 11 月至 2010 年 10 月泉眼山站年均水沙量分别为 1.19 亿 m³ 和 0.32 亿 t,与长系列相比,水沙量均有所增加。

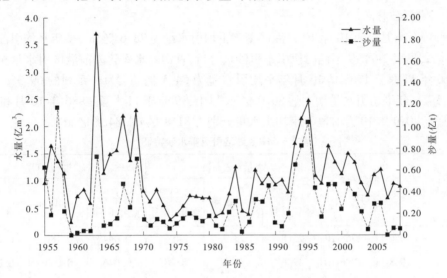

图 2-2　清水河泉眼山站历年实测水沙量过程

2.2.2.2　入黄风积沙

黄河流域土壤遭受风蚀的面积在 10 万 km² 以上,其中黄河上游风蚀面积为 5.87 万 km²,占 58.2%,主要分布在青海黄河左岸的共和沙区和宁夏沙坡头至内蒙古自治区头道拐之间黄河干流两岸的沙漠地区。沙坡头至头道拐是黄河风沙活动的主要分布区,沿黄河干流两岸分布有腾格里沙漠、河东沙区、乌兰布和沙漠及库布齐沙漠。其中,中卫河段和乌海至三盛公河段是两个风口,风沙较为活跃,是风沙入黄的主要通道。

宁夏河段风积沙入黄有三种形式:一是黄河干流两岸风成沙直接入黄,如乌兰布和沙漠风成沙直接入黄;二是通过沙漠、沙地及覆沙梁地的支流,如流经库布齐沙漠的十大孔兑,两岸的流沙于风季带入沟内,洪水季节洪水挟带风沙进入黄河;三是干流两岸冲洪积平原上覆盖的片状流沙地、半固定起伏沙地,在大风、特大风时,吹入黄河。

根据中国科学院黄土高原综合考察队《黄土高原地区北部风沙区土地沙漠化综合治理》的研究成果,1971~1980 年下河沿至石嘴山河段的多年平均入黄风积沙量为 1 360 万 t。通过综合分析对入黄风积沙量进行了修正,修正后的年均入黄风积沙量为 860 万 t。

2.2.2.3　区间引退水沙量

1. 灌区概况

宁夏灌区是我国四大古老的大型灌区之一,已有 2 000 多年的灌溉历史。享有得天独厚的引排水条件,是宁夏主要粮、棉、油产区。灌区位于宁夏北部,南起中卫县美利渠口,北至石嘴山;地势南高北低,南北长 320.0 km,东西宽 40.0 km,灌区总面积 6 573 km²。灌区共有总干渠 2 条,引水干渠 15 条,总长 1 540.0 km,干渠衬砌比例为 23.8%,灌溉面积 650.0 万亩,设计引水能力 770 m³/s。排水干沟 32 条,总长 790.0 km,设计排水能力 580 m³/s,控制排水面积 630.0 万亩。

宁夏灌区主要有七星渠、汉渠、秦渠和唐徕渠等引黄灌渠,排水沟主要包括清水沟、第一排水沟、第二排水沟、第三排水沟、第四排水沟和第五排水沟等。

2. 引水引沙特点

1960 年 11 月至 2010 年 10 月灌区多年平均引水量为 78.6 亿 m³,多年平均引沙量为 0.279 亿 t,见表 2-6。从不同时段引水引沙量分析,青铜峡水库建库前灌区引水量相对较小,1960 年 11 月至 1968 年 10 月年平均引水量为 54.5 亿 m³,为长系列的 69.3%;1968 年以后,灌区年平均引水量增大达 80.0 亿 m³ 以上,1968 年 11 月至 1986 年 10 月和 1986 年 11 月至 2010 年 10 月时段年平均引水量分别为 81.8 亿 m³、84.1 亿 m³。

表 2-6　宁夏灌区引退渠水沙特征

退水渠	时段 (年-月)	水量(亿 m³)			沙量(亿 t)		
		11月至 翌年6月	7~10月	11月至 翌年10月	11月至 翌年6月	7~10月	11月至 翌年10月
引水渠	1960-11~1968-10	25.8	28.7	54.5	0.044	0.186	0.230
	1968-11~1986-10	42.6	39.2	81.8	0.046	0.204	0.250
	1986-11~2010-10	46.8	37.3	84.1	0.071	0.247	0.318
	1960-11~2010-10	41.9	36.7	78.6	0.058	0.221	0.279
入黄 退水沟 (不完全)	1960-11~1968-10	4.3	7.1	11.4	0.004	0.006	0.010
	1968-11~1986-10	5.8	7.2	13.0	0.005	0.007	0.013
	1986-11~2010-10	7.1	6.1	13.2	0.004	0.007	0.011
	1960-11~2010-10	6.2	6.7	12.9	0.005	0.006	0.011

3. 退水退沙特点

1960 年 11 月至 2010 年 10 月多年平均退水量为 12.9 亿 m³,多年平均退沙量为 0.011 亿 t。不同时期的退水退沙量变化不大,1986 年 11 月至 2010 年 10 月退水量稍多。

2.2.3　来水来沙组成

宁夏河段来水量主要来自下河沿以上的干流,来水量占河段来水总量的 99.6%,支流来水较少;来沙量由上游来沙、支流来沙及风积沙组成,所占比例分别为 75.6%、18.2% 和 6.2%,见表 2-7。

表 2-7　宁夏河段 1960 年 11 月至 2010 年多年平均来水来沙组成

项目	水量（亿 m³）		沙量（亿 t）	
	年	占总量（%）	年	占总量（%）
干流	299.2	99.6	1.04	75.6
支流	1.1	0.4	0.25	18.2
风积沙			0.086	6.2
合计	300.3		1.376	

2.3　河道冲淤

宁夏平原新生代以来持续下沉,银川盆地第四纪以来沉积厚度达 1 600 m 左右。贺兰山东麓断裂断层崖距今 6 000 年以来的垂直位移速率在 1.2 ~ 2.1 mm/a。盆地下沉时,也会以同样的速度接受泥沙的沉积。

2.3.1　河道冲淤量计算方法

河道冲淤量的计算方法有两种:一是根据输沙率资料采用沙量平衡法计算;二是根据实测大断面资料,采用断面法计算。沙量平衡法的优点是水文站输沙率资料连续、丰富,具有较好的时间上、空间上的连续性;缺点是引退水资料不足及测验误差等因素。断面法有两方面的优点:一是测验断面布设间距较短,且冲淤量计算值仅与始末状态有关,与中间过程无关,不存在累积性的误差,使得河道冲淤量的计算结果较为准确、可靠;二是可以反映冲淤量的滩槽及沿程分布情况。缺点是具体到宁夏河段主要是断面测验时间间隔相对较长,导致冲淤量的计算结果在时间上、空间上的连续性不够,不能记述短时期或任意给定时期内河道的冲淤变化。

目前河道冲淤量的计算一般均采用断面法。沙量平衡法主要用于数学模型的计算;沙量平衡法一般采用断面法进行修正。

2.3.1.1　沙量平衡法

根据进入、输出河段的输沙率资料(包括干流控制断面、区间支流及引水渠、排水渠、风积沙等)按下述公式进行历年逐月计算:

$$\Delta W_s = W_{s进} + W_{s支} + W_{s排} + W_{s风} - W_{s出} - W_{s引} \tag{2-1}$$

式中:ΔW_s 为河段冲淤量,亿 t;$W_{s进}$ 为河段进口沙量,亿 t;$W_{s支}$ 为支流来沙量,亿 t;$W_{s排}$ 为区间排水沟排沙量,亿 t;$W_{s风}$ 为入黄风积沙量(20 世纪 50 年代不考虑),亿 t;$W_{s出}$ 为河段出口沙量,亿 t;$W_{s引}$ 为区间引沙量,亿 t。

2.3.1.2　断面法

1. 计算方法

相邻测次断面冲淤面积计算公式为

$$\Delta S = S_1 - S_2 \tag{2-2}$$

式中：ΔS 为相邻两测次同一断面的冲淤面积，m^2；S_1、S_2 分别为相邻两测次在同一断面某一高程下的面积，m^2。

断面间冲淤量的计算：

$$\Delta V = \frac{S_u + S_d + \sqrt{S_u S_d}}{3} \Delta L \qquad (2-3)$$

式中：ΔV 为相邻两断面间的冲淤体积，m^3；S_u、S_d 分别为上、下相邻断面的冲淤面积，m^2；ΔL 为相邻两断面间距，m。

2. 测验断面简介

宁夏治理河段 1993 年布设测淤大断面 51 个，其中沙坡头坝下至枣园河段 22 个，青铜峡坝下至石嘴山大桥河段 29 个，曾于 1993 年 5 月、1999 年 5 月、2001 年 12 月和 2009 年 8 月进行过 4 次测量。2011 年 5 月在原有河道淤积测验断面基础上加密增补了 16 个断面，全河段共 67 个断面，其中沙坡头坝下至枣园河段 24 个，青铜峡坝下至石嘴山大桥河段 43 个。根据加密增补后的断面于 2011 年 5 月和 2012 年 10 月进行过 2 次测量。

2.3.2　计算结果

2.3.2.1　沙量平衡法

表 2-8 ～ 表 2-10 为采用沙量平衡法计算的宁夏河道不同时段的分河段冲淤量、冲淤厚度及冲淤强度结果。1952 年 11 月至 2012 年 10 月沙坡头坝下至石嘴山大桥河段年平均淤积量为 0.069 亿 t，其中汛期淤积 0.145 亿 t，非汛期冲刷 0.076 亿 t。沙坡头坝下至枣园河段年平均淤积量为 0.042 亿 t，汛期冲刷 0.013 亿 t，非汛期淤积 0.055 亿 t；青铜峡坝下至石嘴山大桥河段年平均淤积 0.027 亿 t，汛期淤积 0.158 亿 t，非汛期冲刷 0.131 亿 t，与上一河段相比，该河段汛期与非汛期冲淤变化较为剧烈。

表 2-8　宁夏河段不同时段年均冲淤量　　　　　　　　　　（单位：亿 t）

时段 （年-月）	沙坡头坝下至枣园			青铜峡坝下至石嘴山大桥			沙坡头坝下至石嘴山大桥		
	非汛期	汛期	年	非汛期	汛期	年	非汛期	汛期	年
1952-11 ~ 1961-10	− 0.064	0.039	− 0.025	− 0.046	0.447	0.401	− 0.110	0.486	0.376
1961-11 ~ 1967-10	0.054	− 0.067	− 0.013	− 0.235	− 0.132	− 0.367	− 0.181	− 0.199	− 0.380
1967-11 ~ 1971-10	0.079	− 0.049	0.030	− 0.143	− 0.023	− 0.166	− 0.064	− 0.072	− 0.136
1971-11 ~ 1986-10	0.107	0.020	0.127	− 0.137	0.064	− 0.073	− 0.030	0.084	0.054
1986-11 ~ 2012-10	0.062	− 0.031	0.031	− 0.130	0.207	0.077	− 0.068	0.176	0.108
2011-11 ~ 2012-10	0.068	0.137	0.205	− 0.090	0.022	− 0.068	− 0.022	0.158	0.136
1952-11 ~ 2012-10	0.055	− 0.013	0.042	− 0.131	0.158	0.027	− 0.076	0.145	0.069

1952 年 11 月至 1961 年 10 月为天然状态，沙坡头坝下至石嘴山大桥河段年平均淤积量为 0.376 亿 t，沙坡头坝下至枣园河段年平均冲刷量为 0.025 亿 t；青铜峡坝下至石嘴山大桥河段年平均淤积量为 0.401 亿 t，汛期淤积大于非汛期冲刷，河道淤积厚度达 0.060 m。

表 2-9　宁夏河段不同时段年均冲淤厚度　　　　　　　　　（单位:m）

时段 （年-月）	沙坡头坝下至枣园			青铜峡坝下至石嘴山大桥		
	非汛期	汛期	年	非汛期	汛期	年
1952-11～1961-10	-0.056	0.035	-0.022	-0.007	0.067	0.060
1961-11～1967-10	0.047	-0.059	-0.012	-0.035	-0.020	-0.055
1967-11～1971-10	0.070	-0.043	0.027	-0.021	-0.003	-0.025
1971-11～1986-10	0.095	0.018	0.112	-0.021	0.010	-0.011
1986-11～2012-10	0.055	-0.028	0.027	-0.020	0.032	0.011
2011-11～2012-10	0.061	0.123	0.181	-0.014	0.003	-0.010
1952-11～2012-10	0.049	-0.011	0.037	-0.020	0.025	0.004

表 2-10　宁夏河段不同时段年均冲淤强度　　　　　　　　　（单位:万 t/km）

时段 （年-月）	沙坡头坝下至枣园			青铜峡坝下至石嘴山大桥		
	非汛期	汛期	年	非汛期	汛期	年
1952-11～1961-10	-7.22	4.43	-2.79	-2.39	23.35	20.96
1961-11～1967-10	6.04	-7.59	-1.55	-12.27	-6.89	-19.16
1967-11～1971-10	8.93	-5.52	3.41	-7.46	-1.20	-8.66
1971-11～1986-10	12.12	2.26	14.38	-7.19	3.34	-3.85
1986-11～2012-10	7.01	-3.52	3.49	-6.82	10.81	3.99
2011-11～2012-10	7.73	15.44	23.17	-4.72	1.12	-3.60
1952-11～2012-10	6.20	-1.42	4.78	-6.85	8.25	1.40

1961 年 11 月盐锅峡水库投入运用,1961 年 11 月至 1967 年 10 月,宁夏河段普遍发生冲刷,年平均冲刷量达 0.380 亿 t;从冲淤强度分析,青铜峡坝下至石嘴山大桥河段的冲刷量大于沙坡头坝下至枣园河段的,两河段年平均冲刷强度分别为 19.16 万 t/km 和 1.55 万 t/km。

1967 年青铜峡水库开始蓄水运用,1967～1971 年水库初期蓄水淤积 6.39 亿 t,期间 1968 年刘家峡水库投入运用。青铜峡坝下至石嘴山大桥河段发生冲刷,年均冲刷量达 0.166 亿 t。

1971 年 11 月至 1986 年 10 月,青铜峡水库采用"蓄清排浑"的运用方式,库区冲淤基本平衡,沙坡头坝下至枣园河段年平均淤积量为 0.127 亿 t;青铜峡坝下至石嘴山大桥河段呈微冲状态。

1986 年 11 月至 2012 年 10 月为龙刘水库联合运用时期,期间青铜峡水库采取汛末不定时拉沙,由于上游来水偏枯,再加上龙刘水库调蓄,汛期平均流量仅 900 m³/s。流量过程均匀,中小水持续历时长,河道发生淤积。沙坡头坝下至枣园河段年平均淤积量为 0.031 亿 t,呈微淤状态;青铜峡坝下至石嘴山大桥河段年平均淤积量为 0.077 亿 t。

2.3.2.2 断面法

断面法冲淤量计算结果见表2-11。1993年5月至2012年10月，宁夏河段多年平均

表2-11 1993年5月至2012年10月断面法年平均冲淤量 （单位：亿t）

时段 （年-月）	项目	沙坡头坝下至枣园	青铜峡坝下至仁存渡	仁存渡至头道墩	头道墩至石嘴山大桥	青铜峡坝下至石嘴山大桥	沙坡头坝下至石嘴山大桥
1993-05 ~ 1999-05	主槽	− 0.009	− 0.005	0.075	0.036	0.106	0.097
	滩地	0.003	0.008	0.005	− 0.011	0.002	0.005
	全断面	− 0.006	0.003	0.080	0.025	0.108	0.102
	淤积强度 （万t/km）	− 0.8	0.8	11.6	3.7	6.3	4.1
	占全河段（%）	− 5.89	2.62	78.2	25.07	105.89	
1999-05 ~ 2001-12	主槽	− 0.01	0	− 0.114	0.158	0.043	0.033
	滩地	0.017	0.003	0.019	0.058	0.08	0.097
	全断面	0.007	0.003	− 0.095	0.215	0.123	0.130
	淤积强度 （万t/km）	0.9	0.8	− 13.9	31.1	7.2	5.2
	占全河段（%）	5.39	2.13	− 73.29	165.77	94.61	
2001-12 ~ 2009-08	主槽	− 0.003	0.004	0.01	− 0.021	− 0.007	− 0.01
	滩地	0.009	0.003	0.017	0.052	0.072	0.081
	全断面	0.006	0.007	0.027	0.031	0.065	0.071
	淤积强度 （万t/km）	0.8	2.1	3.9	4.5	3.8	2.8
	占全河段（%）	8.46	9.58	38.1	43.86	91.54	
2009-08 ~ 2011-05	主槽	− 0.006	− 0.01	− 0.017	0.045	0.018	0.012
	滩地	0.015	0.01	0.04	0.035	0.085	0.100
	全断面	0.009	− 0.001	0.023	0.08	0.102	0.112
	淤积强度 （万t/km）	1.2	− 0.2	3.4	11.6	6	4.5
	占全河段（%）	8.28	− 0.5	20.72	71.5	91.72	

续表 2-11

时段 (年-月)	项目	沙坡头坝下至枣园	青铜峡坝下至仁存渡	仁存渡至头道墩	头道墩至石嘴山大桥	青铜峡坝下至石嘴山大桥	沙坡头坝下至石嘴山大桥
2011-05 ~ 2012-10	主槽	0.029	-0.09	-0.121	-0.178	-0.389	-0.360
	滩地	0.033	0.049	0.022	0.287	0.358	0.391
	全断面	0.062	-0.041	-0.099	0.109	-0.031	0.031
	淤积强度 (万 t/km)	8.26	-10.32	-14.30	13.17	-1.62	1.16
	占全河段(%)	200	-132.3	-319.4	351.6	-100.0	
1993-05 ~ 2012-10	主槽	-0.004	-0.008	-0.001	0.019	0.011	0.007
	滩地	0.011	0.009	0.016	0.049	0.073	0.084
	全断面	0.007	0.001	0.015	0.068	0.084	0.091
	淤积强度 (万 t/km)	0.1	0	0.2	0.8	0.4	0.3
	占全河段(%)	7.5	1.0	16.4	75.4	92.4	

淤积量为 0.091 亿 t,沙坡头坝下至枣园河道多年基本冲淤平衡,主槽呈微冲状态,滩地微淤;青铜峡坝下至石嘴山大桥河段,河道呈淤积状态,多年平均淤积量为 0.084 亿 t,其中主槽淤积量占全断面的 13.1%;2012 年宁夏河段来水偏丰,淤滩刷槽,其中主槽冲刷 0.360 亿 t,滩地淤积 0.391 亿 t。

1.1993 年 5 月至 2012 年 10 月河段沿程淤积变化

1)沙坡头坝下至枣园河段

1993 年 5 月至 2012 年 10 月,沙坡头坝下至枣园河段年平均淤积量为 0.007 亿 t,多年基本冲淤平衡。

从沿程冲淤变化看,该河段有冲有淤,其中沙坡头坝下至大板湾河段,河出峡谷后,河道突然展宽,泥沙落淤;大板湾至杨滩河段冲刷;杨滩至跃进渠口,由于支流粉石沟、阴洞梁沟的汇入,河道淤积;跃进渠口至清水河口河道冲刷;清水河口至枣园,由于清水河汇入沙量较大,表现为淤积;枣园至青铜峡库尾由于青铜峡水库壅水影响,呈现淤积状态,沿程冲淤变化见图 2-3。

2)青铜峡坝下至石嘴山大桥河段

1993 年 5 月至 2012 年 10 月,青铜峡坝下至石嘴山大桥河段年平均淤积量为 0.084 亿 t,呈微淤状态,淤积主要发生在头道墩以下河段。

从沿程冲淤变化看,青铜峡坝下至仁存渡河段为稳定分汊型河道,青铜峡坝下至杨家

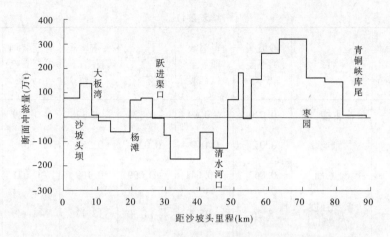

图 2-3　1993 年 5 月至 2012 年 10 月沙坡头坝下至枣园河段沿程冲淤变化

湾河段为淤积,杨家湾至仁存渡河段呈冲刷状态。仁存渡至头道墩河段为过渡型河段,河道淤积强度小,呈微淤状态。头道墩至石嘴山大桥河段为游荡型河段,比前两河段淤积严重。该河段的沿程冲淤变化见图 2-4。

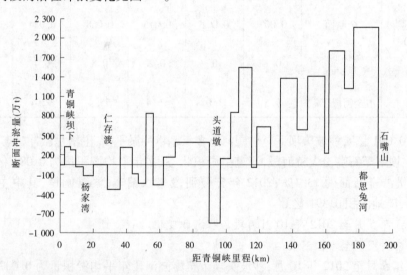

图 2-4　1993 年 5 月至 2012 年 10 月青铜峡坝下至石嘴山河段沿程冲淤变化

2. 1993 年 5 月至 2011 年 10 月河段沿程历次冲淤变化

1)沙坡头坝下至枣园河段

图 2-5 为 1993 年 5 月至 2011 年 5 月沙坡头坝下至枣园河段历次沿程冲淤变化,从图分析,河道发生大冲大淤的河段有沙坡头坝下、跃进渠口至清水河口、枣园至青铜峡库尾三个河段,也是河道治理比较复杂的河段;其他河段冲淤变化幅度不大。

2)青铜峡坝下至石嘴山大桥河段

图 2-6 为 1993 年 5 月至 2011 年 5 月青铜峡坝下至石嘴山河段历次沿程冲淤变化,发生大冲大淤的河段主要发生在仁存渡至石嘴山段,青铜峡坝下至仁存渡、都思兔河口至石嘴山大桥河段冲淤量较小。

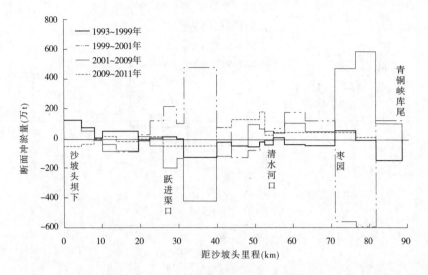

图 2-5　1993 年 5 月至 2011 年 5 月沙坡头坝下至枣园河段历次沿程冲淤变化

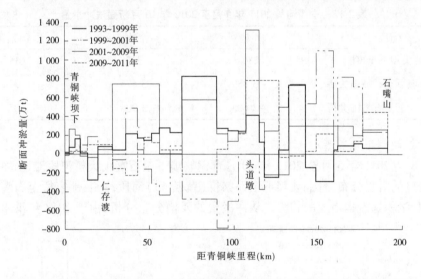

图 2-6　1993 年 5 月至 2011 年 5 月青铜峡坝下至石嘴山河段历次沿程冲淤变化

3. 2011 年 5 月至 2012 年 10 月河段沿程冲淤变化

1）沙坡头坝下至枣园河段

2012 年汛期宁夏河段发生了 3 520 m³/s 的洪水,沙坡头坝下、跃进渠口至清水河口河段发生冲刷;其他河段淤积。滩地、主槽、全断面冲淤量的沿程分布见图 2-7。河道冲淤量横向分布见表 2-12。

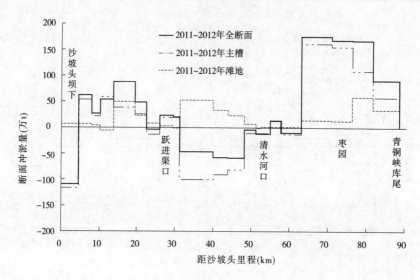

图 2-7　2011 年 5 月至 2012 年 10 月沙坡头坝下至枣园河段滩槽冲淤量沿程变化

表 2-12　宁夏河段 2011 年 5 月至 2012 年 10 月断面法冲淤量　　（单位：万 t）

河段	主槽	滩地	全断面
沙坡头坝下至枣园	286	333	619
青铜峡坝下至石嘴山大桥	- 3 889	3 575	- 314
沙坡头坝下至石嘴山大桥	- 3 603	3 908	305

2）青铜峡坝下至石嘴山大桥河段

图 2-8 为 2011 年 5 月至 2012 年 10 月青铜峡坝下至石嘴山大桥河段滩地、主槽及全断面冲淤量的沿程分布，青铜峡坝下至邵家桥（黄断 33）河段冲刷；邵家桥至石嘴山大桥河段淤积，淤积呈沿程增大的趋势。从冲淤量的滩槽分布分析，由于 2012 年洪水略大于

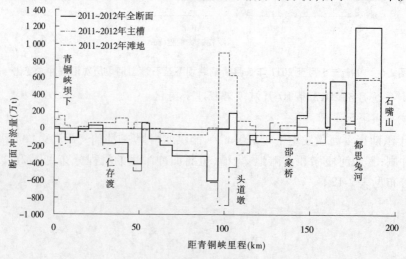

图 2-8　2011 年 5 月至 2012 年 10 月青铜峡坝下至石嘴山大桥河段滩槽冲淤沿程变化

宁夏河道的平滩流量,对塑造中水河槽起到了一定的作用,仁存渡至头道墩河段主槽发生较大冲刷,主槽过流面积恢复较多。沙坡头坝下至枣园河段主槽微淤;青铜峡坝下洪水期间淤滩刷槽,主槽冲刷量大于滩地的淤积量。

4. 典型横断面淤积形态

图 2-9 ~ 图 2-12 分别为沙坡头坝下至枣园、青铜峡坝下至仁存渡、仁存渡至头道墩和头道墩至石嘴山河段 1993 年、2012 年典型断面横断面套绘图。

图 2-9 为分汊型河段沙坡头坝下至枣园河段的典型横断面图,横断面主要表现为主槽冲刷、滩地淤积。

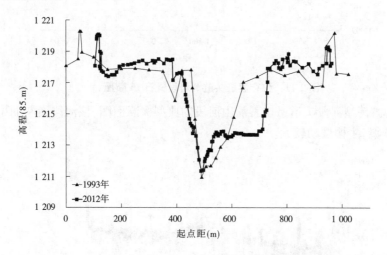

图 2-9　沙坡头坝下至枣园河段卫宁 6 断面

图 2-10 为分汊型河段青铜峡坝下至仁存渡河段的典型横断面图,横断面主要表现为主槽冲刷、滩地淤积。

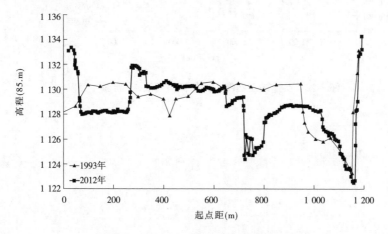

图 2-10　青铜峡坝下至仁存渡河段青石 4 断面

图 2-11 为过渡型河段仁存渡至头道墩河段的典型横断面图,横断面主要表现为主槽微冲、滩地微淤。

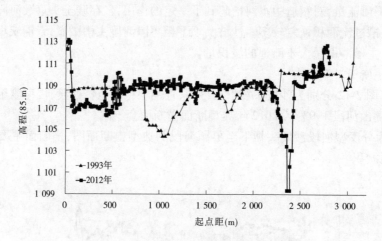

图 2-11　仁存渡至头道墩河段青石 16 断面

图 2-12 为游荡型河段头道墩至石嘴山河段的典型横断面图,该河段横断面主要表现为主槽、滩地微淤,主槽摆动较大。

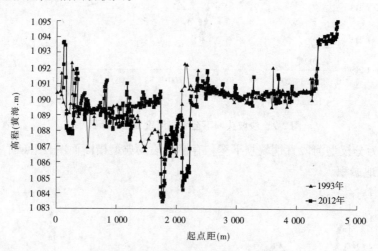

图 2-12　头道墩至石嘴山大桥河段青石 41 断面

第 3 章　河型及成因研究

河型指在不同的来水来沙及河床边界条件下形成的各种河流形态。水流作用于河床,通过泥沙运动使河床发生变化;河床约束水流,影响水流的水势和结构。它们之间相互作用,塑造出相对平衡的河床形态。研究河型及其成因对河道的治理、开发、利用有着极其重要的意义。只有正确地判定河型,才能依据河型制定适宜的河道整治方案及相应工程措施,为河道的治理开发提供技术支撑,保障防洪安全。河型主要指冲积性河流河床的分类,河型研究主要包括河床组成、河道平面形态及演变特性。

3.1　河型研究

3.1.1　河床组成

2014 年 9 月,选取了宁夏河段 7 个典型断面进行了床沙取样测验及土工试验,深度为表层至 1.0 m,在表层、0.5 m 和 1.0 m 处各取一个沙样,典型断面的取样成果见表 3-1。

表 3-1　宁夏河段典型断面床沙组成　　　　　　　　　　　　　　　　(%)

河段	河型	河段起止名称	距沙坡头距离(km)	取样位置	卵石或碎石	圆砾或角砾	砂粒		粉粒	合计
					不同粒径(mm)所占比例					
					80.0 ~ 20.0	20.0 ~ 2.0	2.0 ~ 1.0	1.0 ~ 0.007 5	0.007 5 ~ 0.005	
卫宁	分汊型	沙坡头坝下至枣园	4.5	李家庄	80.9	15.0	0.1	2.9	1.1	100
			26.8	跃进渠	62.4	26.0	0.2	9.7	1.7	100
			58.8	倪丁工程上首	27.8	64.6	0.2	5.6	1.8	100
青石	过渡型	仁存渡至头道墩	136.9	仁存渡	0	0	0	72.0	28.0	100
			161.4	机场公路	0	0	0	87.0	13.0	100
			201.1	京星农场	0	0	0	87.5	12.5	100
	游荡型	头道墩至石嘴山大桥	215.0	四排口险工下游	0	0	0	92.6	7.4	100

卫宁段及青铜峡坝下至仁存渡河段为分汊型河道,长 114.8 km,卵砾石河床。粒径 $d > 20$ mm 的卵石或碎石含量占全沙比例为 27.9% ~ 80.9%,呈沿程减少的趋势;粒径 2 mm $< d <$ 20 mm 的圆砾或角砾含量为 15.0% ~ 64.6%,呈沿程递增的趋势;粒径 $d <$

2 mm的砂粒及粉粒含量较少,仅占 10% 左右。不同粒径所占全沙比例的沿程变化见图 3-1。

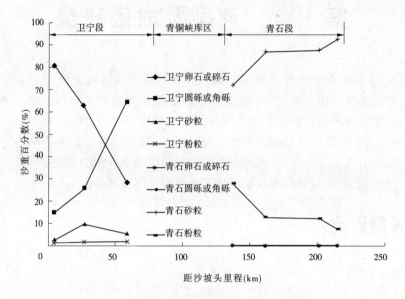

图 3-1　宁夏河段不同粒径所占比例沿程变化

仁存渡至头道墩、头道墩至石嘴山河段分别为过渡型和游荡型,河床组成属新近河漫滩沉积物,主要由粒径 $d < 1.0$ mm 的沙壤土、黏土组成。粒径 $0.005 < d < 1.0$ mm 的砂粒占全沙比例为 72.0% ~ 92.6%,呈沿程增加的趋势;粒径 $d < 0.005$ mm 的粉粒占全沙的比例为 28.0% ~ 7.4%,由于细颗粒泥沙的沿程分选,呈沿程递减状态。

3.1.2　河道平面形态

3.1.2.1　分汊型

分汊型河道的平面形态为两端收缩、中间放宽,中间河段可为两汊,也可为多汊。宁夏河道平面形态各异,分汊型河道又可分为顺直分汊型、弯曲分汊型和复杂分汊型三类。

1. 顺直分汊型

一般均为河岸均匀展开后,由泥沙堆积形成河心滩。汊道平面形态较为顺直对称,水流进入两汊河道比较平顺,其分流角也大致相等。它又可分为稳定和非稳定两种:水车村至张滩河段属稳定分汊型河段,永丰五队至许庄河段属非稳定分汊型河段。平面形态分别见图 3-2、图 3-3。

2. 弯曲分汊型

弯曲分汊型河段大多是由顺直分汊型河道进一步发展形成的。其平面形态往往为一平顺河湾,主汊道多位于凹岸一侧,水流进入主汊道比较顺畅。马滩至固海扬水河段属弯曲分汊型河段,其平面形态见图 3-4。

3. 复杂分汊型

这类分汊型河道一般发生在河道展宽或壅水处,河床沙洲密布,汊道纵横,平面形态十分复杂,各汊道水流及泥沙因素都较紊乱,分流分沙比也变化不定,平面形态和入口处

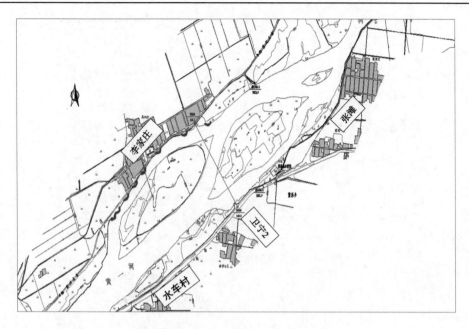

图 3-2　水车村至张滩稳定分汊型河段

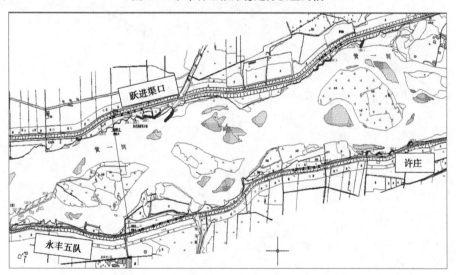

图 3-3　永丰五队至许庄非稳定分汊型河段

水流条件都比较复杂。中宁黄河大桥至黄庄河段属复杂分汊型河段,其平面形态见图 3-5。

3.1.2.2　游荡型

游荡型河道平面形态特点为河身顺直,在较长的河段内往往宽窄相间。在窄段,水流比较集中规顺,对下游河势有一定的控制作用;在宽段,水流湍急、河床宽浅、沙洲密布、汊道交织,河床变化迅速,主流摆动不定。四排口至东来点河段属游荡型河段,其平面形态见图 3-6。

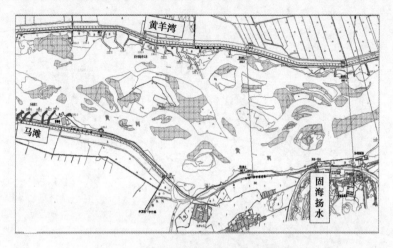

图 3-4　马滩至固海扬水弯曲分汊型河段

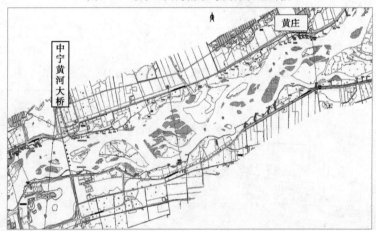

图 3-5　中宁黄河大桥至黄庄复杂分汊型河段

图 3-6　四排口至东来点游荡型河段

3.1.3　河道演变特性

3.1.3.1　横断面

1.分汊型河道

卫宁段、青铜峡坝下至仁存渡为分汊型河段,顺直稳定分汊型、非稳定分汊型、弯曲分汊型和复杂分汊型的典型横断面见图 3-7～图 3-10。

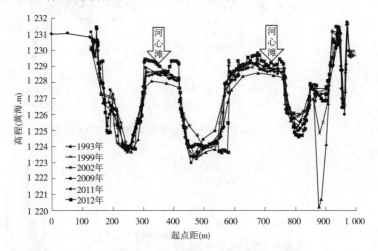

图 3-7　卫宁段顺直稳定分汊型河段典型断面(卫宁 2 断面)

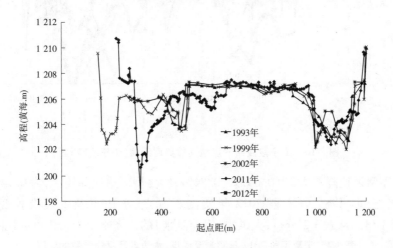

图 3-8　卫宁段非稳定分汊型河段典型断面(卫宁 10 断面)

2.游荡型

黄河宁夏干流头道墩至石嘴山大桥为游荡型河段,见图 3-11。

从上述各横断面图分析,顺直稳定分汊型主槽多年稳定;游荡型横断面主槽最为散乱,变化不定。复杂分汊型河道的主槽变化介于两者之间。

3.1.3.2　纵剖面

表 3-2 为宁夏不同河段 2012 年实测深泓点、水边点及洪痕计算的比降,从计算结果

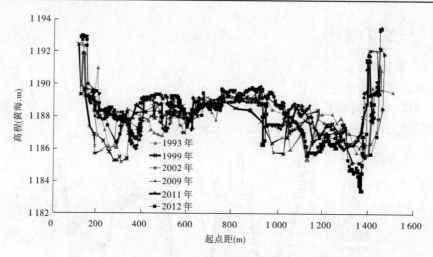

图 3-9 卫宁段弯曲分汊型河段典型断面(卫宁 15 断面)

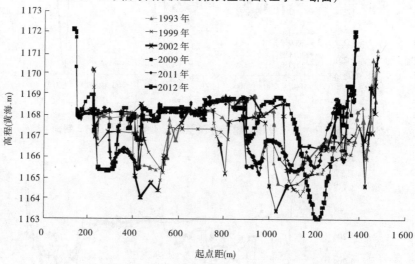

图 3-10 卫宁段复杂分汊型河段典型断面(卫宁 22 断面)

分析,分汊型河道比降较大,为 0.60‰ ~ 0.84‰;游荡型河道比降较小,为 0.14‰,过渡型则位于两者之间,卫宁、青石段 2012 年实测深泓点、水边点及洪痕沿程变化分别见图 3-12、图 3-13。从表 3-2 分析,大洪水(漫滩洪水)的比降略小于水边点的比降(主槽)。

表 3-2 宁夏河段 2012 年实测深泓点、水边点及洪痕计算的比降 (‰)

河段	河型	深泓点	水边点	洪痕	平均
沙坡头坝下至枣园	分汊型	0.84	0.84	0.84	0.84
青铜峡坝下至仁存渡	分汊型	0.56	0.62	0.61	0.60
仁存渡至头道墩	过渡型	0.18	0.13	0.15	0.15
头道墩至石嘴山大桥	游荡型	0.10	0.17	0.15	0.14

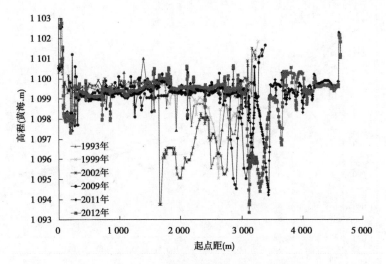

图 3-11　青石段游荡型河段典型断面（青石 28）

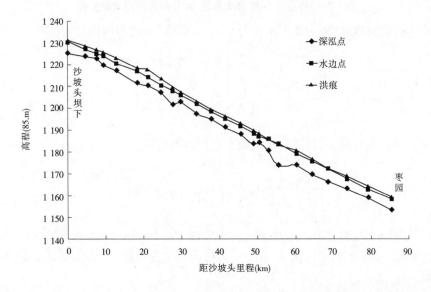

图 3-12　卫宁段 2012 年深泓点、水边点及洪痕沿程变化

3.1.3.3　河道淤积

根据 1993 年 5 月至 2012 年 10 月实测大断面资料统计,沙坡头坝下至枣园、青铜峡坝下至仁存渡分汊型河道多年平均淤积量为 0.008 亿 t,基本冲淤平衡;主槽冲刷、滩地淤积。头道墩至石嘴山大桥游荡型河道多年平均淤积量为 0.068 亿 t,呈淤积状态;其中主槽淤积量占全断面淤积量的 27.4%。仁存渡至头道墩过渡型河段多年平均淤积量为 0.015 亿 t,介于分汊型和游荡型之间。

3.1.4　河床稳定性分析

河床稳定性系数包括纵向、横向和综合稳定性系数,是河型临界判数的重要指标,根

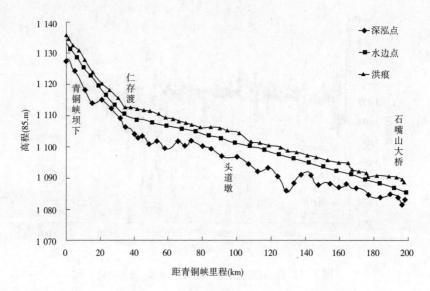

图 3-13　青石段 2012 年深泓点、水边点及洪痕沿程变化

据张红武等的研究成果,提出如下两式分别表示河床的纵向和横向稳定性系数:

$$X_* = \frac{1}{i}\left(\frac{\dfrac{\gamma_s - \gamma}{\gamma}D_{50}}{H}\right)^{1/3} \tag{3-1}$$

$$Y_* = \left(\frac{H}{B}\right)^{2/3} \tag{3-2}$$

将 X_*、Y_* 组合起来,构成河流的综合稳定性系数 Z_w,即

$$Z_w = \frac{1}{i}\left(\frac{\dfrac{\gamma_s - \gamma}{\gamma}D_{50}}{H}\right)^{1/3}\left(\frac{H}{B}\right)^{2/3} = \frac{\left(\dfrac{\gamma_s - \gamma}{\gamma}D_{50}H\right)^{1/3}}{iB^{2/3}} \tag{3-3}$$

式中:X_* 为纵向稳定性系数;i 为比降;γ_s 为泥沙密度,kg/m^3;γ 为水密度,kg/m^3;D_{50} 为床沙中值粒径,mm;H 为平均水深,m;Y_* 为横向稳定性系数;B 为河宽,m;Z_w 为综合稳定性系数。

大量天然河道及模型小河的资料业已证明,无论是细沙河床还是粗沙河床,甚至是砂卵石河床,也无论是清水还是一般挟沙水流甚至是高含沙水流,都遵循如下规律:

游荡型:$Z_w \leqslant 5$；

弯曲型:$Z_w \geqslant 15$；

分汊型(或过渡型):$5 < Z_w < 15$。

利用式(3-3)计算青铜峡坝下至石嘴山大桥河段部分断面的河床综合稳定性系数,见表 3-3,青铜峡至仁存渡河段河床综合稳定性最强,属分汊型;仁存渡至头道墩河段次之,属过渡型;头道墩至石嘴山大桥河段综合稳定性较差,属游荡型。

表 3-3　青铜峡坝下至石嘴山大桥河段河床综合稳定性系数

河段	主槽宽（m）	比降（‰）	流量（m³/s）	水深（m）	中值粒径（mm）	综合稳定性系数	河型
青铜峡坝下至仁存渡	450	0.62	2 500	2.30	10.00	9.32	分汊型
仁存渡至头道墩	850	0.15	2 500	2.40	0.22	7.17	过渡型
头道墩至石嘴山大桥	1 250	0.19	2 500	1.80	0.20	4.07	游荡型

　　综上所述,在对河床物质组成、河道平面形态、河道演变等基本特征分析的基础上,对不同河段的综合稳定性指标进行了量化,将治理长度为 266.7 km 的冲积性平原河道划分为分汊型(沙坡头坝下至枣园、青铜峡坝下至仁存渡河段)、游荡型(头道墩至石嘴山大桥河段);仁存渡至头道墩河段为由分汊型向游荡型的过渡型河段,其河型量化指标介于两者之间。各河段河型量化指标见表 3-4。

表 3-4　宁夏河段河型量化指标

河型	河段	河床组成	河道平面形态	演变特性			稳定性系数
				横断面	纵比降（‰）	河道淤积	
分汊型	沙坡头坝下至枣园、青铜峡坝下至仁存渡	卵石、碎石、圆砾和角砾	两端收缩、中间放宽,中间河段可能是两汊,也可能为多汊	主槽稳定或非稳定	0.84	基本冲淤平衡	9.32
游荡型	头道墩至石嘴山大桥	沙壤土和黏土	河身顺直,在较长的河段内往往宽窄相间。宽段河床宽浅、沙洲密布、汊道交织	主槽摆幅较大	0.14	淤积	4.07

3.2　河型成因研究

3.2.1　分汊型河道成因

　　分汊型河道的河型成因,除与河床地质条件及来水来沙条件有关外,还与自然和人为因素有关,这些因素加速了河道分汊的形成,并对其有促进作用。自然因素有干支流冲积扇、天然卡口、地形等,人为因素有在滩地建采砂场、修建河道建筑物(景观)、建桥及侵蚀基准面的抬升等。

3.2.1.1　自然因素

1. 干流冲积扇形成汊河

　　河出沙坡头峡谷段后,河道逐渐展宽,流速减小,挟沙能力降低,泥沙落淤在河道中部形成河心滩。洪水期洪水漫滩,较细的泥沙落淤,形成较薄的黏土覆盖层,植物生长茂密。

如沙坡头坝址下游水车村至张滩河段。分汉型河段平面形态见图 3-14,横断面形态见图 3-15。

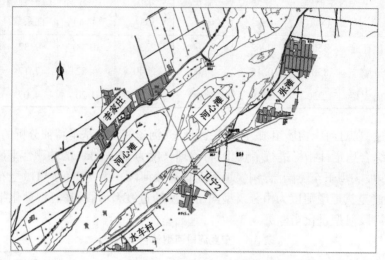

图 3-14　干流冲积扇形成分汉型河段(水车村至张滩)

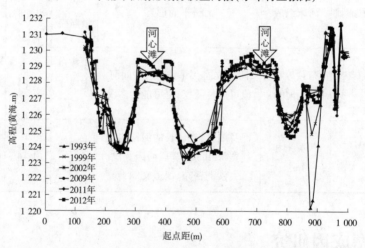

图 3-15　干流冲积扇形成分汉型河段典型横断面(卫宁 2 断面)

2. 支流冲积扇形成汉河

宁夏河段直接入黄的支流及支沟较多,部分含沙量较高的支流、支沟在发生暴雨洪水时,往往挟带大量的泥沙,落淤在支沟入黄口及下游形成汉河。如卫宁段右岸的嵝岘子沟、三个窑沟及阴洞梁沟等,河道平面形态见图 3-16。

3.2.1.2　人为因素

1. 滩地采砂场堆砂

据不完全统计,宁夏河段 2007 ~ 2011 年河道滩地共建有大的采砂场 6 个。采砂场一般位于滩地,采砂弃料及堆砂场均堆放在滩地,严重侵占河道,影响河道行洪。如张滩对岸滩地修建堆砂场,主槽宽度由原来 300 ~ 400 m 减小到 2011 年的不足 100 m。采砂场上游壅水严重,比降减小,流速降低,水流挟沙能力减弱,泥沙落淤形成河心滩及汊河,见图 3-17,心滩 1 为 2007 年以后形成的心滩。

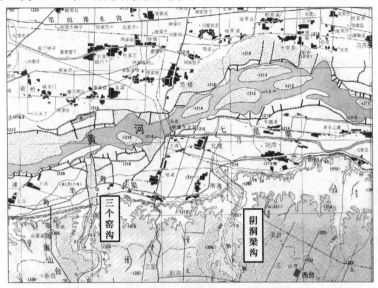

图 3-16 支流三个窑沟和阴洞梁沟入黄口下游形成的汊河

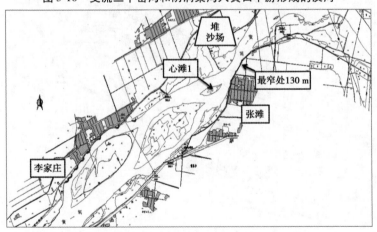

图 3-17 采(堆)砂场缩窄河道上游壅水形成的汊河

2. 修建河道景观

滩地修建中卫滨河公园、黄河楼等景观工程。中卫滨河公园位于中卫黄河大桥桥下,河心公园开挖的部分湖面及修建的河湖之间的小路,已侵占到治导线的范围。由于工程缩窄河道,在卡口处形成壅水,形成 2 号、3 号心滩(1990 年河道图上没有此滩,以后将形成永久性滩面),见图 3-18。黄河楼(中宁枸杞交易中心)位于中宁黄河大桥的上游,黄河楼侵占堤防以内滩地,目前河道宽仅 740 m,缩窄近一半。

3. 青铜峡库尾基准面抬升形成复杂分汊型河道

中宁黄河大桥至枣园河段,由于受青铜峡库尾侵蚀基准面抬升的影响,比降变缓,形成复杂分汊型河道,见图 3-19。

　　综上所述,对人为因素形成的分汊型河道,因采砂影响的河段,只有采砂场撤出可以逐渐恢复原有的河势,其他因素则是不可逆转的。青铜峡水库近年来虽然采取汛期排沙、汛后拉沙等措施,但库区尾部的淤积仍然没有减缓。

图 3-18　修建滨河水上乐园

图 3-19　中宁大桥至黄庄河段复杂分汊型河道

3.2.2　游荡型河道成因

　　游荡型河道的成因主要由来水来沙条件及河床组成构成。

　　(1)主槽淤积,主流易位。水流挟沙多处于过饱和状态,主槽过流比大、过沙量多,同时河床淤积量也较大;由于主槽淤积,逐渐形成主槽河床高于支汊、串沟及滩地的不利局面。从而支汊、串沟及滩地过流量会逐渐增加,随着主汊过流比的不断减小,形成主流易位。

　　(2)洪、中、枯水变幅大。河槽与一定的流量相适应,大流量要求河槽断面与曲率半径较大;反之,则较小。据实测资料统计,青铜峡站实测汛期最大洪峰流量为 1964 年 7 月

30 日的 5 460 m³/s,近期的最小流量不足 1 000 m³/s。由于河槽地形的变化速度滞后于洪峰暴涨暴落的速度,小流量塑造的流路往往被中、大洪水破坏,从而引起河势变化。

（3）河床组成较细。头道墩至石嘴山大桥河段为游荡型河道,四排口处的床沙粒径为 0.005 mm $< d <$ 1.0 mm,其中粉粒及黏粒占全沙的 92.6%。由于泥沙组成较细,易起动;在水流作用下,河床的可动性较大,因此在洪水到来或上游河势变化时,主流往往因大水切滩而发生摆动。同时,随着洪水的涨落,弯道河势不断上提下挫,也会因水流的刷滩而使主流线发生变化。

第4章　河道整治概况及洪水灾害

4.1　历史上河道整治概况

　　宁夏河段河道治理工程历代兴修,至今已有2 000多年的历史。早在公元129年(东汉),郭璜就以石筑堤修渠引水,维护河岸,防止河水冲刷。公元444年(北魏)刁雍为恢复古高渠引水,采用草土混合修筑拦水坝,截堵小西河,后来逐步发展成为草土护岸和草土码头。明代张九德用草石堆积修筑秦渠护岸堤和灵州导流堤,是历史上著名的丁坝挑流和顺坝护岸相结合的治河工程。清顺治初年,用裁弯取直之法,使黄河改道,危及灵武城的河道西移十余里。清康熙四十八年,王全臣用柳囤贮石修筑迎水坝,是石笼治河的前身。康熙年间修建的猪嘴码头,历经加固,至今仍屹立河岸,护岸导流,作用显著。1941年李翰圆用"遇急抽心,遇弯裁顺"的方法,裁顺急弯成功,清除了望洪南方段的河患。前人的治河经验经不断改进、完善,为当今的治河奠定了基础。

4.2　河道整治方案设计及审批情况

4.2.1　新中国成立后至1998年

　　20世纪80年代以前,宁夏河段的治理由沿河各市(县)负责,缺乏统一规划,各自为战,大多停留在"头痛医头、脚痛医脚"的小规模治理上。为加速治理进度,避免盲目性,1971年制订了《宁夏黄河河道治理规划》。1979年初宁夏水利厅成立了黄河宁夏整治规划小组,由宁夏水利水电勘测设计院负责,对该规划进行了补充、完善,提出了"黄河两岸防洪堤之间为黄河河道的摆动范围,今后任何队社不能随便堵塞汊河"。其规划河宽卫宁段为800~1 400 m,青石段为1 000~1 700 m,基本上是宽河摆动整治方案,整治标准流量按6 000 m³/s设计;共修建各种丁坝800余座、汊河堵坝49处、引河开挖13处。

　　1983年10月,宁夏政府以宁政发字43号文件批准了规划。但受财力所限,按宽河摆动整治方案修建的坝垛及护岸主要集中在S形河湾,这对减小洪凌灾害起到了一定作用,但由于治理河道较宽,加之河床及滩岸组成抗冲能力较弱、河道淤积,河势得不到有效控制,大洪水时无法掌控防洪出现的险段,抢险物料也不能及时到位,进而导致堤防冲决,1981年大洪水时,中宁天家滩,吴忠陈袁滩,中卫刘庄、申滩等多处防洪堤发生决口,损失惨重。除堤防冲决外,频繁的河势变化还使宁夏河段塌滩、塌岸和崩地现象年年发生,据不完全统计,1979~1989年11年间,黄河洪水共淹没农田11.8万亩,冲塌河滩地15.5万亩,冲塌林地2.5万亩,塌陷农舍、房屋4 218间,塌陷沟渠210.5 km、防洪堤109.5 km、道路14.1 km,共搬迁人口2.34万人,经济损失达2亿多元。

20 世纪 80 年代以后,河道整治绝大部分是按照 1971 年和 1979 年规划的治导线修建的,基本上是一种宽河摆动的整治方案。此方案需要在河道两岸布设工程,工程长度为治理河长的 2 倍,工程战线长、量大,大部分工程无法落实,加之此方案使河道主流在较大范围内摆动,河势得不到有效控制,新修的工程常常脱河,未达到控导主流、稳定河势的作用。特别是大洪水时无法掌控防洪出现的险段,抢险物料也不能及时到位,进而导致堤防冲决,洪水灾害依然发生,治理效果不理想。

4.2.2 1998~2000 年

为解决防洪防凌中存在的诸多问题,1996 年黄河水利委员会勘测规划设计研究院编制的《黄河宁蒙河段 1996 年至 2000 年防洪工程建设可行性研究》(简称《九五可研》,下同),对宁夏河段进行了系统的规划,在河道整治方面,提出采用微弯型整治方案,工程布置型式以"以坝护弯、以弯导溜、保堤护滩"的型式为主。

《九五可研》通过了水利部水利水电规划设计总院(简称水规总院,下同)及国家发展和改革委员会(简称发改委,下同)的评估,1998 年国家计委批准建设。水利部对《九五可研》提出的整治方案主要意见如下:"原则同意《可研报告》提出的……采用微弯型整治,……原则同意拟定的治导线,但河势变化是一个非常复杂的问题,随着水沙条件而变化,在整治工程设计时,可依据整治原则和当时的河势对治导线进行局部调整。批准建设河道整治工程 96 处,其中险工 37 处、控导工程 59 处;坝垛护岸 1517 道(处),工程总长为 147.86 km。"

2000 年编制完成了《黄河宁蒙河段 2001 年至 2005 年防洪工程建设可行性研究报告》,2003 年 9 月通过水规总院的审查,上报水利部;但发改委一直没有批复。河道整治工程未按可研报告的安排全部实施。

该时段的河道整治工程基本上是按微弯型方案进行整治的。

4.2.3 2000~2011 年

2005 年 3 月,根据水利部和黄河水利委员会(简称黄委,下同)的安排,结合 2001~2004 年防洪工程的建设情况,于 2005 年 8 月完成了《黄河宁蒙河段近期防洪工程可行性研究》(简称《近期可研》,下同),2006 年 2 月通过了水规总院的审查。2008 年 3 月底水利部召开前期工作协调会议,要求补充 2005~2007 年防洪工程的建设情况,2008 年 4 月水规总院进行了复审,并提出审查意见,上报水利部及发改委。

2009 年 10 月,中国国际工程咨询公司(简称中咨公司,下同)对《近期可研》进行了评估,其中河道整治方案的评估意见为:"……《近期可研》依据的基础资料和分析深度尚不满足制定治导线的要求,所拟定的治导线及依据治导线布置工程的合理性和可行性缺乏论证。……建议对"九五"以来实施的工程……及整治效果进行总结和评价;……对已出现的险工险段和距离堤防较近的发展中弯道,建议纳入防汛岁修范围……"

根据中咨公司的意见,对河势影响小的平顺护岸、人字垛或短丁坝及险工布置进行优化,共安排河道整治工程 35 处、坝垛 184 道,护岸 6.1 km,旧坝利用 4 道。工程长度 23.2 km。该时段的河道整治工程基本上是按就岸防护进行整治的。

4.2.4　2012 年

　　2012 年 7~8 月,黄河上游干流出现了 1989 年以来的最大洪水。下河沿站洪峰流量达 3 470 m³/s,为 1981 年以来第二大流量,部分河段水位接近甚至超过 1981 年洪水位,防汛形势严峻。受此次大流量过程的影响,沿河地区经济生产遭受了严重损失。防汛形势和灾害损失远远超过 1986 年、1989 年同流量过程。根据水利部的统一部署,安排《黄河宁夏河段二期防洪工程可行性研究》(简称《二期可研》,下同)的工作。2013 年 4 月通过水利部水规总院的审查,2016 年 6 月通过国家发改委的评估,其中河道整治方案的评估意见为:"……工程任务是在现有工程基础上,通过堤防加高加固和河道整治等措施,进一步提高黄河宁夏段沿岸防洪防凌能力。"批复建设"河道整治工程 71 处,总长 114.44 km,其中新建、续建坝垛 549 道(座),加固坝垛 260 道(座),新建护岸工程 39.2 km"。

　　《二期可研》提出了黄河宁夏干流河道治理宜采取微弯型整治方案与就岸防护措施相结合的治理模式;并根据原型观测,将河道分为微弯型整治效果好、效果不理想、目前不具备微弯型治理的及不适宜(采取就岸防护)等四类,按类别进行整治。

4.3　不同时段河道整治概况

　　宁夏河段的河道工程建设主要集中在 1998 年以前、《九五可研》、2008~2012 年及 2012 年《二期可研》安排的工程。其他时段仅为抢险修建了部分工程。

4.3.1　不同时段河道整治工程建设概况

4.3.1.1　1998 年以前工程建设

　　截至 1998 年,宁夏河段现状河道工程共 79 处,工程长 56.750 km,坝垛 996 道。其中,控导工程 45 处,工程长 31.510 km,坝垛 403 道;险工 34 处,工程长 25.240 km,坝垛 593 道。各河段整治工程名称及规模见表 4-1。现状河道整治工程主要分布在沙坡头坝下至仁存渡河段,工程处数占全河段的 73.4%,工程长度及坝垛数分别占全河段的 91.9% 和 71.4%。

表 4-1　1998 年宁夏河段现状河道整治工程

工程性质	项目		序号	工程名称	工程长度 (m)	坝垛数 (个)
	河段	岸别				
控导工程	沙坡头坝下至仁存渡	左岸	1	城郊	660	8
			2	双桥	1 400	7
			3	莫楼	300	4
			4	新庙	1 520	20
			5	李嘴	1 160	15

续表 4-1

工程性质	项目		序号	工程名称	工程长度（m）	坝垛数（个）
	河段	岸别				
控导工程	沙坡头坝下至仁存渡	左岸	6	倪家园	600	4
			7	福堂	620	6
			8	凯歌湾	530	10
			9	跃进渠退水	1 000	21
			10	张台	950	18
			11	黄庄	1 260	16
			12	高山寺	1 350	18
			13	渠口农场		8
			14	犁铧尖	130	2
			15	侯娃子滩	455	5
			16	杨家滩	130	2
			17	光明	450	8
			18	叶盛桥	440	10
			19	柳条滩	550	6
				小计	13 505	188
		右岸	1	水车村	400	1
			2	永丰	680	10
			3	永丰八队	360	6
			4	沙石滩	500	10
			5	旧营	200	4
			6	泉眼山	1 350	19
			7	田滩	1 300	14
			8	康滩	1 325	14
			9	中宁大桥	700	7
			10	营盘滩	2 200	10

续表 4-1

| 工程性质 | 项目 | | 序号 | 工程名称 | 工程长度 | 坝垛数 |
	河段	岸别			（m）	（个）
控导工程	沙坡头坝下至仁存渡	左岸	11	长家滩	2 500	15
			12	红柳滩	2 060	29
			13	梅家湾	1 670	25
			14	种苗场	860	15
				小计	16 105	179
	仁存渡至头道墩	左岸	1	东升	410	14
			2	绿化队	100	1
			3	七一沟	60	1
			4	京星农场	30	1
				小计	600	17
		右岸	1	北滩	80	2
				小计	80	2
	头道墩至石嘴山大桥	左岸	1	永光	60	1
			2	统一	100	1
			3	礼和	280	4
			4	惠农农场	200	2
				小计	640	8
		右岸	1	三棵柳	30	1
			2	都思兔河口	100	1
			3	巴音陶亥	450	7
				小计	580	9
	沙坡头坝下至石嘴山大桥	左岸	27	控导合计	14 745	213
		右岸	18		16 765	190
		全河段	45		31 510	403

续表 4-1

| 工程性质 | 项目 | | 序号 | 工程名称 | 工程长度 (m) | 坝垛数 (个) |
	河段	岸别				
险工	沙坡头坝下至仁存渡	左岸	1	李家庄	1 000	15
			2	太平渠	700	14
			3	新墩	770	16
			4	郭庄	1 400	19
			5	黄羊	1 200	14
			6	金沙沟	1 450	26
			7	倪丁	1 100	12
			8	张庄	1 120	13
			9	童庄	1 800	15
			10	陈袁滩	700	6
				小计	11 240	150
	沙坡头坝下至仁存渡	右岸	1	张滩	320	7
			2	大板湾	260	3
			3	寿渠	260	5
			4	倪滩	1 720	21
			5	七星渠口	700	15
			6	申滩	360	7
			7	许庄	700	14
			8	何营	1 560	17
			9	马滩	980	14
			10	细腰子拜	650	14
			11	河管所	600	7
			12	罗家湖	1 200	25
			13	古城	690	17
			14	华三	710	17

续表 4-1

工程性质	项目		序号	工程名称	工程长度（m）	坝垛数（个）
	河段	岸别				
险工	沙坡头坝下至仁存渡	右岸	15	苦水河口	580	11
				小计	11 290	194
	仁存渡至头道墩	左岸	1	南方	850	13
			2	东河	80	2
				小计	930	15
		右岸	1	头道墩	130	4
				小计	130	4
	头道墩至石嘴山大桥	右岸	1	下八顷	620	21
			2	六顷地	280	8
			3	东来点	340	14
			4	黄土梁	100	3
			5	北崖	130	4
			6	红崖子扬水	180	180
				小计	1650	230
	沙坡头坝下至石嘴山大桥	左岸	12	险工合计	12 170	165
		右岸	22		13 070	428
		全河段	34		25 240	593
河道整治工程	沙坡头坝下至仁存渡	左岸	29		24 745	338
		右岸	29		27 395	373
		全河段	58		52 140	711
	仁存渡至头道墩	左岸	6		1 530	32
		右岸	2		210	6
		全河段	8		1 740	38
	头道墩至石嘴山大桥	左岸	4		640	8
		右岸	9		2 230	239
		全河段	13		2 870	247
	沙坡头坝下至石嘴山大桥	左岸	39		26 915	378
		右岸	40		29 835	618
		全河段	79		56 750	996

4.3.1.2　1998~2002 年期间工程建设

截至 2002 年,宁夏河段现状河道整治工程共 80 处,工程长 71.232 km,坝垛 1 004 道,较 1998 年以前增加工程长度 14.482 km、坝垛 8 道。其中控导工程 54 处,工程长 50.052 km,坝垛 671 道;险工 26 处,工程长 21.180 4 km,坝垛 333 道。各河段河道整治工程名称及规模见表 4-2。

表 4-2　2002 年宁夏河段现状河道整治工程

| 工程性质 | 项目 | | 序号 | 工程名称 | 工程长度（m） | 坝垛数（个） | 备注 |
	河段	岸别					
控导工程	沙坡头坝下至仁存渡	左岸	1	新弓湾	800	17	新增
			2	城郊	660	8	
			3	双桥	1 400	7	
			4	莫楼	300	4	
			5	新庙	1 520	20	
			6	李嘴	1 160	15	
			7	福堂	620	6	
			8	凯歌湾	530	10	
			9	跃进渠退水	1 000	21	
			10	黄羊湾	1 500	18	新增
			11	金沙沟	1 800	27	新增
			12	太平	1 260	16	新增
			13	高山寺	1 350	18	
			14	渠口农场	500	8	
			15	王老滩	432	6	新增
			16	犁铧尖	100	1	部分冲毁
			17	侯娃子滩	905	12	续建
			18	柳条滩	550	6	
			19	杨家滩－光明	650	13	合并
			20	唐滩(叶盛桥)	440	10	
				小计	17 477	243	
		右岸	1	申滩	360	7	新增
			2	永丰	1 040	16	
			3	沙石滩	500	10	
			4	马滩	980	17	
			5	泉眼山	1 048	21	部分冲毁

续表 4-2

工程性质	项目		序号	工程名称	工程长度（m）	坝垛数（个）	备注
	河段	岸别					
控导工程	沙坡头坝下至仁存渡	右岸	6	田滩	1 300	15	
			7	康滩	1 325	20	
			8	中宁大桥	700	7	
			9	营盘滩	2 200	10	
			10	长家滩	2 500	15	
			11	红柳滩	2 060	29	
			12	梅家湾	1 957	30	续建
			13	罗家湖	1 200	25	新增
			14	古城	690	17	新增
			15	华三	710	17	新增
			16	苦水河口	580	21	新增
			17	种苗场	860	15	
				小计	20 010	292	
	仁存渡至头道墩	左岸	1	南方	850	19	新增
			2	东河	80	2	新增
			3	东升	1 464	19	续建
			4	绿化队	100	1	
			5	通贵	330	4	新增
			6	七一沟	60	1	
			7	京星农场	1 370	13	续建
				小计	4 254	59	
		右岸	1	北滩	1 890	16	续建
			2	金水	1 377	10	新增
				小计	3 267	26	
	头道墩至石嘴山大桥	左岸	1	四排口	560	6	新增
			2	五香	960	9	新增
			3	永光	60	1	
			4	统一	100	1	
			5	礼和	1 264	12	续建
			6	惠农农场	200	2	
				小计	3 144	31	

续表 4-2

| 工程性质 | 项目 | | 序号 | 工程名称 | 工程长度（m） | 坝垛数（个） | 备注 |
	河段	岸别					
控导工程	头道墩至石嘴山大桥	右岸	1	都思兔河口	100	2	
			2	巴音陶亥	1 800	18	续建
				小计	1 900	20	
	沙坡头坝下至石嘴山大桥	左岸	33		24 875	333	
		右岸	21	控导合计	25 177	338	
		全河段	54		50 052	671	
险工	沙坡头坝下至仁存渡	左岸	1	李家庄	1 000	15	
			2	新墩	770	16	
			3	郭庄	1 400	19	
			4	石空	1 530	20	新增
			5	倪丁	1 100	15	
			6	黄庄	1 120	13	新增
			7	童庄	1 800	15	
			8	陈袁滩	700	6	
				小计	9 420	119	
		右岸	1	水车村	400	1	新增
			2	张滩	320	7	
			3	大板湾	260	3	
			4	枣林湾	260	5	
			5	倪滩	1 720	23	
			6	七星渠口	700	17	
			7	许庄	700	14	
			8	何营	1 560	21	
			9	细腰子拜	1 020	23	续建
			10	河管所	767	15	
				小计	7 707	129	
	仁存渡至头道墩	右岸	1	头道墩	1 370	26	续建
				小计	1 370	26	
	头道墩至石嘴山大桥	右岸	1	下八顷	760.4	21	续建
			2	六顷地	280	8	
			3	东来点	1 203	17	续建

续表 4-2

工程性质	项目		序号	工程名称	工程长度 (m)	坝垛数 (个)	备注
	河段	岸别					
险工	头道墩至石嘴山大桥	右岸	4	黄土梁	100	3	
			5	北崖	130	4	
			6	三棵柳	30	1	新建
			7	红崖子扬水	180	5	
				小计	2 683.4	59	
	沙坡头坝下至石嘴山大桥	左岸	8	险工合计	9 420	119	
		右岸	18		11 760.4	214	
		全河段	26		21 180.4	333	
河道整治工程	沙坡头坝下至仁存渡	左岸	28		26 897	362	
		右岸	27		27 717	421	
		全河段	55		54 614	783	
	仁存渡至头道墩	左岸	7		4 254	59	
		右岸	3		4 637	52	
		全河段	10		8 891	111	
	头道墩至石嘴山大桥	左岸	6		3 144	31	
		右岸	9		4 583.4	79	
		全河段	15		7 727.4	110	
	沙坡头坝下至石嘴山大桥	左岸	41		34 295	452	
		右岸	39		36 937.4	552	
		全河段	80		71 232.4	1 004	

4.3.1.3 2002~2005 年期间工程建设

　　截至 2005 年,宁夏河段现状河道整治工程共 81 处,工程长 83.335 km,坝垛 1 032 道,较 1998~2002 年期间增加工程长度 12.103 km、坝垛 28 道。其中,控导工程 53 处,工程长 57.102 km,坝垛 662 道;险工 28 处,工程长 26.233 km,坝垛 370 道。各河段河道整治工程名称及规模见表 4-3。

表 4-3　2005 年宁夏河段现状河道整治工程

工程性质	项目		序号	工程名称	工程长度（m）	坝垛数（个）	备注
	河段	岸别					
控导工程	沙坡头坝下至仁存渡	左岸	1	新弓湾	800	17	
			2	城郊	660	8	
			3	双桥	1 400	7	
			4	杨家湖	300	4	原名莫楼
			5	新庙	1 520	20	
			6	李嘴	1 160	15	
			7	福堂	620	6	
			8	凯歌湾	530	10	
			9	跃进渠退水	1 000	21	
			10	黄羊湾	2 103	20	续建
			11	金沙沟	1 800	27	
			12	太平	1 260	16	
			13	高山寺	1 350	18	
			14	渠口农场	500	8	
			15	王老滩	679	9	续建
			16	犁铧尖	100	1	
			17	侯娃子滩	905	12	
			18	柳条滩	550	6	
			19	杨家滩-光明	650	13	
			20	唐滩(叶盛桥)	440	10	
				小计	18 327	248	
		左岸	1	申滩	360	7	
			2	永丰	1 040	16	
			3	沙石滩	500	10	
			4	马滩	980	17	
			5	泉眼山	1 048	21	
			6	田滩	1 356	15	续建
			7	康滩	1 325	20	
			8	中宁大桥	700	7	
			9	营盘滩	2 200	10	
			10	长家滩	2 500	15	
			11	红柳滩	2 060	29	
			12	梅家湾	1 957	24	部分冲毁
			13	罗家湖	1 200	25	
			14	苦水河口	580	21	
			15	种苗场	2 961	20	续建
				小计	20 767	257	

续表 4-3

工程性质	项目		序号	工程名称	工程长度 (m)	坝垛数 (个)	备注
	河段	岸别					
控导工程	仁存渡至头道墩	左岸	1	南方	2 287	15	续建
			2	东河	80	2	
			3	东升	1 464	19	
			4	绿化队	100	1	
			5	通贵	1 170	12	续建
			6	关渠	556	6	新增
			7	七一沟	60	1	
			8	京星农场	1 370	13	
				小计	7 087	69	
		右岸	1	北滩	1 890	16	
			2	金水	1 470	12	续建
				小计	3 360	28	
	头道墩至石嘴山大桥	左岸	1	四排口	1 411	11	续建
			2	五香	960	9	
			3	永光	60	1	
			4	统一	100	1	
			5	礼和	2 930	16	续建
			6	惠农农场	200	2	
				小计	5 661	40	
		右岸	1	都思兔河口	600	6	续建
			2	巴音陶亥	1 300	14	部分冲毁
				小计	1 900	20	
	沙坡头坝下至石嘴山大桥	左岸	34	控导合计	31 075	357	
		右岸	19		26 027	305	
		全河段	53		57 102	662	
险工	沙坡头坝下至仁存渡	左岸	1	李家庄	1 000	15	
			2	新墩	770	16	
			3	郭庄	1 400	19	
			4	石空	1 530	20	
			5	倪丁	1 100	15	
			6	黄庄	1 120	13	
			7	童庄	1 800	15	
			8	陈袁滩	1 237	11	续建
				小计	9 957	124	

续表 4-3

工程性质	项目		序号	工程名称	工程长度（m）	坝垛数（个）	备注
	河段	岸别					
险工	沙坡头坝下至仁存渡	右岸	1	水车村	400	1	
			2	张滩	320	7	
			3	大板湾	260	3	
			4	枣林湾	1 305	7	续建
			5	倪滩	1 720	23	
			6	七星渠口	837	18	续建
			7	许庄	700	14	
			8	何营	1 560	21	
			9	细腰子拜	1 916	17	续建
			10	河管所	767	15	
			11	古城	690	17	新建
			12	华三	710	17	新建
				小计	11 185	160	
	仁存渡至头道墩	右岸	1	头道墩	1 370	26	
				小计	1 370	26	
	头道墩至石嘴山大桥	右岸	1	下八顷	760.4	21	
			2	六顷地	997	6	续建
			3	东来点	1 203	17	
			4	黄土梁	100	3	
			5	北崖	307	5	续建
			6	三棵柳	174	3	续建
			7	红崖子扬水	180	5	
				小计	3 721.4	60	
	沙坡头坝下至石嘴山大桥	左岸	8	险工合计	9 957	124	
		右岸	20		16 276.4	246	
		全河段	28		26 233.4	370	
河道整治工程	沙坡头坝下至仁存渡	左岸	28		28 284	372	
		右岸	27		31 952	417	
		全河段	55		60 236	789	
	仁存渡至头道墩	左岸	8		7 087	69	
		右岸	3		4 730	54	
		全河段	11		11 817	123	
	头道墩至石嘴山大桥	左岸	6		5 661	40	
		右岸	9		5 621.4	80	
		全河段	15		11 282.4	120	
	沙坡头坝下至石嘴山大桥	左岸	42		41 032	481	
		右岸	39		42 303.4	551	
		全河段	81		83 335.4	1 032	

4.3.1.4　2005~2008 年期间工程建设

截至 2008 年,宁夏河段现状河道工程共 81 处,工程长 84.595 km,坝垛 1 045 道,较 2002~2005 年期间仅增加工程长度 1.260 km、坝垛 13 道。其中,控导工程 53 处,工程长 57.702 km,坝垛 668 道;险工 28 处,工程长 26.893 km,坝垛 377 道。各河段河道整治工 程名称及规模见表 4-4。

表 4-4　2008 年宁夏河段现状河道整治工程

工程性质	项目 河段	项目 岸别	序号	工程名称	工程长度 (m)	坝垛数 (个)	备注
控导工程	沙坡头坝下至仁存渡	左岸	1	新弓湾	800	17	
			2	城郊	660	8	
			3	双桥	1 400	7	
			4	杨家湖	300	4	
			5	新庙	1 520	20	
			6	李嘴	1 160	15	
			7	福堂	620	6	
			8	凯歌湾	530	10	
			9	跃进渠退水	1 000	21	
			10	黄羊湾	2 103	20	
			11	金沙沟	1 800	27	
			12	太平	1 360	17	续建
			13	高山寺	1 350	18	
			14	渠口农场	500	8	
			15	王老滩	679	9	
			16	犁铧尖	100	1	
			17	侯娃子滩	905	12	
			18	柳条滩	550	6	
			19	杨家滩－光明	650	13	
			20	唐滩(叶盛桥)	440	10	
				小计	18 427	249	
		右岸	1	申滩	360	7	
			2	永丰	1 040	16	
			3	沙石滩	500	10	
			4	马滩	980	17	
			5	泉眼山	1 048	21	
			6	田滩	1 356	15	
			7	康滩	1 325	20	
			8	中宁大桥	700	7	
			9	营盘滩	2 200	10	
			10	长家滩	2 500	15	

续表 4-4

工程性质	项目		序号	工程名称	工程长度（m）	坝垛数（个）	备注
	河段	岸别					
控导工程	沙坡头坝下至仁存渡	右岸	11	红柳滩	2 060	29	
			12	梅家湾	1 957	24	
			13	罗家湖	1 400	27	续建
			14	苦水河口	580	21	
			15	种苗场	2 961	20	
				小计	20 967	259	
	仁存渡至头道墩	左岸	1	南方	2 287	15	
			2	东河	80	2	
			3	东升	1 464	19	
			4	绿化队	100	1	
			5	通贵	1 170	12	
			6	关渠	556	6	
			7	七一沟	60	1	
			8	京星农场	1 370	13	
				小计	7 087	69	
		右岸	1	北滩	1 890	16	
			2	金水	1 470	12	
				小计	3 360	28	
	头道墩至石嘴山大桥	左岸	1	四排口	1 711	14	
			2	五香	960	9	
			3	永光	60	1	
			4	统一	100	1	
			5	礼和	2 930	16	
			6	惠农农场	200	2	
				小计	5 961	43	
		右岸	1	都思兔河口	600	6	
			2	巴音陶亥	1 300	14	
				小计	1 900	20	
	沙坡头坝下至石嘴山大桥	左岸	34	控导合计	31 475	361	
		右岸	19		26 227	307	
		全河段	53		57 702	668	

续表 4-4

工程性质	项目		序号	工程名称	工程长度 (m)	坝垛数 (个)	备注
	河段	岸别					
险工	沙坡头坝下至仁存渡	左岸	1	李家庄	1 000	15	
			2	新墩	770	16	
			3	郭庄	1 400	19	
			4	石空	1 530	20	
			5	倪丁	1 100	15	
			6	黄庄	1 120	13	
			7	童庄	1 800	15	
			8	陈袁滩	1 237	11	
				小计	9 957	124	
		右岸	1	水车村	400	1	
			2	张滩	320	7	
			3	大板湾	260	3	
			4	枣林湾	1 305	7	
			5	倪滩	1 720	23	
			6	七星渠口	837	18	
			7	许庄	700	14	
			8	何营	1 560	21	
			9	细腰子拜	1 916	17	
			10	河管所	767	15	
			11	古城	850	19	续建
			12	华三	710	17	
				小计	11 345	162	
	仁存渡至头道墩	右岸	1	头道墩	1 370	26	
				小计	1 370	26	
	头道墩至石嘴山大桥	右岸	1	下八顷	1 060	24	续建
			2	六顷地	1 197	8	续建
			3	东来点	1 203	17	
			4	黄土梁	100	3	
			5	北崖	307	5	
			6	三棵柳	174	3	
			7	红崖子扬水	180	5	
				小计	4 221	65	
	沙坡头坝下至石嘴山大桥	左岸	8	险工合计	9 957	124	
		右岸	20		16 936	253	
		全河段	28		26 893	377	

续表 4-4

工程性质	项目		序号	工程名称	工程长度（m）	坝垛数（个）	备注
	河段	岸别					
河道整治工程	沙坡头坝下至仁存渡	左岸	28		28 384	373	
		右岸	27		32 312	421	
		全河段	55		60 696	794	
	仁存渡至头道墩	左岸	8		7 087	69	
		右岸	3		4 730	54	
		全河段	11		11 817	123	
	头道墩至石嘴山大桥	左岸	6		5 961	43	
		右岸	9		6 121	85	
		全河段	15		12 082	128	
	沙坡头坝下至石嘴山大桥	左岸	42		41 432	485	
		右岸	39		43 163	560	
		全河段	81		84 595	1 045	

4.3.1.5　2008~2012 年期间工程建设

截至 2012 年,宁夏河段现状河道整治工程共 83 处,工程长 108.158 1 km,坝垛 1 177 道,较 2005~2008 年期间增加工程长度 23.563 1 km、坝垛 132 道。其中,控导工程 57 处,工程长 71.750 72 km,坝垛 745 道;险工 26 处,工程长 36.407 4 km,坝垛 432 道。各河段河道整治工程名称及规模见表 4-5。

表 4-5　2012 年宁夏河段现状河道整治工程

工程性质	项目		序号	工程名称	工程长度（m）	坝垛数（个）	备注
	河段	岸别					
控导工程	沙坡头坝下至仁存渡	左岸	1	新弓湾	950	18	续建
			2	城郊	660	8	
			3	双桥	1 600	9	续建
			4	杨家湖	1 359.7	6	续建
			5	新庙	2 154.5	25	续建
			6	跃进渠口	1 613	20	新建
			7	福堂	620	6	
			8	凯歌湾	820	12	续建
			9	黄羊湾	2 103	20	
			10	金沙沟	1 800	27	
			11	太平	1 360	17	续建
			12	高山寺	1 350	18	
			13	渠口农场	500	8	
			14	王老滩	1 177	10	续建

续表 4-5

工程性质	项目		序号	工程名称	工程长度（m）	坝垛数（个）	备注
	河段	岸别					
控导工程	沙坡头坝下至仁存渡	左岸	15	犁铧尖	100	1	
			16	侯娃子滩	1 094	12	续建
			17	柳条滩	2 087.9	7	续建
			18	陈袁滩	1 237	11	新建
			19	杨家滩–光明	650	13	
			20	唐滩(叶盛桥)	440	10	
				小计	23 676.1	258	
		右岸	1	大板湾	260	3	新建
			2	申滩	1 035	11	续建
			3	永丰	2 235	28	续建
			4	沙石滩	500	10	
			5	何营	435	4	新建
			6	旧营	1 560	21	新建
			7	马滩	980	17	
			8	泉眼山	1 048	21	
			9	田滩	1 861	20	续建
			10	康滩	1 775	20	续建
			11	中宁大桥	700	7	
			12	营盘滩	2 200	10	
			13	长家滩	2 500	15	
			14	红柳滩	2 060	29	
			15	梅家湾	1 957	24	
			16	罗家湖	1 400	27	续建
			17	苦水河口	580	21	
			18	种苗场	3 819.2	25	续建
				小计	26 905.2	313	
	仁存渡至头道墩	左岸	1	南方	2 627	19	续建
			2	东河	290	3	续建
			3	东升	1 464	19	
			4	绿化队	100	1	
			5	通贵	1 170	12	
			6	关渠	556	6	
			7	七一沟	60	1	
			8	京星农场	1 370	13	
				小计	7 637	74	
		右岸	1	北滩	1 890	16	
			2	金水	1 470	12	
				小计	3 360	28	

续表 4-5

工程性质	项目		序号	工程名称	工程长度（m）	坝垛数（个）	备注
	河段	岸别					
控导工程	头道墩至石嘴山大桥	左岸	1	四排口	2 901	23	续建
			2	五香	960	9	
			3	永光	60	1	
			4	统一	100	1	
			5	礼和	3 317.83	16	续建
			6	惠农农场	200	2	
			7	三排口	733.59		新建
				小计	8 272.42	52	
		右岸	1	都思兔河口	600	6	
			2	巴音陶亥	1 300	14	
				小计	1 900	20	
	沙坡头坝下至石嘴山大桥	左岸	35	控导合计	39 585.52	384	
		右岸	22		32 165.2	361	
		全河段	57		71 750.72	745	
险工	沙坡头坝下至仁存渡	左岸	1	李家庄	1 000	15	
			2	新墩	2 105	22	续建
			3	跃进渠口退水	1 000	21	
			4	郭庄	1 400	19	
			5	石空湾	1 530	20	
			6	倪丁	1 100	15	
			7	黄庄	1 420	16	续建
			8	童庄	2 960	26	续建
				小计	12 515	154	
		右岸	1	水车村	400	1	
			2	张滩	320	7	
			3	枣林湾	2 200.5	9	续建
			4	倪滩	3 451	32	续建
			5	七星渠口	2 322	21	续建
			6	许庄	700	14	
			7	细腰子拜	1 916	17	
			8	河管所	767	15	
			9	古城	850	19	
			10	华三	1 299	21	续建
				小计	14 225.5	156	
	仁存渡至头道墩	右岸	1	头道墩	1 370	26	
				小计	1 370	26	

续表 4-5

| 工程性质 | 项目 | | 序号 | 工程名称 | 工程长度（m） | 坝垛数（个） | 备注 |
	河段	岸别					
险工	头道墩至石嘴山大桥	右岸	1	下八顷	1 577.1	24	续建
			2	六顷地	2 097	17	续建
			3	东来点	1 403	19	续建
			4	黄土梁	100	3	
			5	北崖	2 765.8	25	续建
			6	三棵柳	174	3	
			7	红崖子扬水	180	5	
				小计	8 296.9	96	
	沙坡头坝下至石嘴山大桥	左岸	8	险工合计	12 515	154	
		右岸	18		23 892.4	278	
		全河段	26		36 407.4	432	
河道整治工程	沙坡头坝下至仁存渡	左岸	28		36 191.1	412	
		右岸	28		41 130.7	469	
		全河段	56		77 321.8	881	
	仁存渡至头道墩	左岸	8		7 637	74	
		右岸	3		4 730	54	
		全河段	11		12 367	128	
	头道墩至石嘴山大桥	左岸	7		8 272.42	52	
		右岸	9		10 196.9	116	
		全河段	16		18 469.32	168	
	沙坡头坝下至石嘴山大桥	左岸	43		52 100.52	538	
		右岸	40		56 057.6	639	
		全河段	83		108 158.1	1 177	

4.3.1.6 河道整治工程建设总述

1.不同时段河道工程的建设速度

从宁夏河段不同时段河道整治工程建设的情况分析，宁夏河段开展的河道整治工程建设比较早，工程布点较多;1998 年以前工程布点 79 处，截至 2012 年工程布点仅增加 4 处。1998 年以后的工程建设，主要为工程的上延、下续、改建及工程冲毁重建;主要集中在 1998~2002 年和 2008~2012 年两个时段，见表 4-6。

表 4-6　宁夏河段不同时段工程建设统计

项目	时段	处数	工程长度(m)	坝垛数(道)
工程现状	1998 年以前	79	56.750	996
	1998~2002 年	80	71.232	1 004
	2002~2005 年	81	83.335	1 032
	2005~2008 年	81	84.595	1 045
	2008~2012 年	83	108.158 1	1 177
增加值	1998 年以前			
	1998~2002 年	1	14.482	8
	2002~2005 年	1	12.103	28
	2005~2008 年	0	1.260	13
	2008~2012 年	2	23.563 1	132

2.不同河段河道工程的数量

表 4-7 为宁夏河段截至 2012 年河道整治工程的建设分布情况,截至 2012 年共修建河道工程 83 处,其中控导工程 57 处,占工程总数的 68.7%;险工 26 处,占工程总数的31.3%。

沙坡头坝下至仁存渡为分汊型河段,现状河道整治工程 56 处,占工程总数的 67.5%,工程长度 77.322 km,占总工程长度的 71.5%;而且左右岸工程布置的处数、长度基本相当,对控制河势起到了一定的作用。由于该河段河道工程布置较多,占治理河道长度的29.0%,也是宁夏河段治理比较好的河段。

仁存渡至头道墩为过渡型河段,现状河道整治工程仅 11 处,占工程总数的 13.3%,工程长度 12.367 km,占总工程长度的 11.4%;左岸布置工程 9 处,右岸仅布置控导工程 2处,基本上没有控制河势的作用,依地形或节点控制局部河势。

头道墩至石嘴山大桥为游荡型河段,现状河道整治工程 16 处,占工程总数的 19.3%,工程长度 18.469 km,占总工程长度的 17.1%;左岸布置工程 7 处,右岸布置控导工程 9处,由于该河段为游荡型,河床宽浅,沙洲密布,河势变化较大,目前所修建的工程处数及工程布局远没有达到稳定河势的基本要求。

表 4-7　2012 年宁夏河段现状河道工程分布

河段	岸别	工程性质	处数（处）	工程长（km）	坝垛数（个）
沙坡头坝下至仁存渡	左岸	控导	20	23.676	258
		险工	8	12.515	154
		控导+险工	28	36.191	412
	右岸	控导	18	26.905	313
		险工	10	14.226	156
		控导+险工	28	41.131	469
	合计	控导	38	50.581	571
		险工	18	26.741	310
		控导+险工	56	77.322	881
仁存渡至头道墩	左岸	控导	8	7.637	74
		险工	1	1.370	26
		控导+险工	9	9.007	100
	右岸	控导	2	3.360	28
		险工			
		控导+险工	2	3.360	28
	合计	控导	10	10.997	102
		险工	1	1.370	26
		控导+险工	11	12.367	128
头道墩至石嘴山大桥	左岸	控导	7	8.272	52
		险工			
		控导+险工	7	8.272	52
	右岸	控导	2	1.900	20
		险工	7	8.297	96
		控导+险工	9	10.197	116
	合计	控导	9	10.172	72
		险工	7	8.297	96
		控导+险工	16	18.469	168
沙坡头坝下至石嘴山大桥	左岸	控导	35	39.586	384
		险工	9	13.885	180
		控导+险工	44	53.471	564
	右岸	控导	22	32.165	361
		险工	17	22.522	252
		控导+险工	39	54.688	613
	合计	控导	57	71.751	745
		险工	26	36.407	432
		控导+险工	83	108.158	1 177

4.3.2　现状河道工程布点概况

在河道整治方面,由于资金限制等多种因素,控导工程布设距规划要求相差甚远,建设严重滞后,成为宁夏河段河防体系的短板。截至2012年,沙坡头坝下至仁存渡河段,经过多年的整治,河势初步得到控制;仁存渡至头道墩河段,工程布点少,控制河势的能力较弱,河势变化不定;头道墩至石嘴山大桥河段,平面上出现多处大的河湾,主流摆动较大。河势的摆动使尚未完成工程布控的已建工程出现脱溜失效,直接威胁两岸已建防洪工程的安全,给当地经济和社会发展造成了不利影响。

4.3.2.1　卫宁河段

1.沙坡头坝下至跃进渠引水口河段

该河段《九五可研》规划弯道18处,除水车村、张滩、大板湾、城郊西园、李嘴5处弯道没有进行工程布点建设外,李家庄、新弓湾(原工程名称太平渠)、枣林湾(原工程名称寿渠)、新堰、倪滩、双桥、七星渠、杨家湖(原工程名称莫楼)、刘湾八队(原工程名称申滩)、冯庄(新庙)、永丰五队(与八队合并)、跃进渠口(原工程名称倪家园)等12个重点弯道均进行了工程布点,坝垛配套相对完善,对控制河势发挥了较大作用,与中卫黄河大桥、阴洞梁沟、三个窑沟等节点共同作用,使河势基本稳定,确保了七星渠、跃进渠的引水安全。

2. 跃进渠引水口至郭庄河段

该河段《九五可研》规划弯道7处,均没有按规划流路进行工程布点,包括入口跃进渠口工程,基本上为依堤防修建的护岸工程,无控导河势的作用。新建的凯歌湾、何营2处工程也是近期可研安排的垛式护岸。

3. 郭庄至中宁黄河大桥河段

该河段《九五可研》可研规划弯道9处,郭庄、马滩、黄羊湾、泉眼山、金沙沟、田滩、石空(原工程名称张台)、康滩、倪丁等9处弯道均依堤防布设了控导工程,坝垛建设也相对完善。泉眼山至石空河段,由于河道较窄,基本控制了河势,但布点工程迎送溜长度不够,河势存在上提下挫的情况,其他河段河势仍然散乱。

4. 中宁黄河大桥至青铜峡库尾河段

该河段《九五可研》规划弯道8处,仅黄庄1处弯道按规划进行了布点建设,童庄弯道上游,近期可研安排了一段短丁坝、护岸相结合的防护工程,其他中宁黄河大桥、太平、营盘滩、长家滩、红柳滩、高山寺等6处工程多是利用《九五可研》以前的老坝垛,该河段受青铜峡水库回水影响,河道内心滩、汊河较多,河势较难控制,红柳滩上游甚至出现畸形河势,各河段现状河道整治工程情况见表4-8。

表 4-8　现状河道整治工程统计（符合近期规划治导线）

河段	岸别	属地	序号	弯道名称	工程性质	现状合计				
						坝	垛	合计	护岸(m)	工程长度(m)
卫宁段	左岸	中卫市	1	李家庄	险工		8	8		1 000
			2	新弓湾(太平渠)	控导	5	4	9	280	1 002
			3	新墩	险工	2	8	10	558	1 587
			4	双桥	控导	5		5		600
			5	杨家湖(莫楼,夹渠)	控导	2	7	9	378	1 323
			6	冯庄(新庙)	控导	5		5	467	635
			7	跃进渠口(倪家园)	控导	3	6	9		753
			8	福堂(河沟)	控导	2	2	4		310
			9	凯歌湾(胜金)	控导	7	3	10	77	340
		中宁县	10	郭庄(永兴)	险工	8		8		1 200
			11	黄羊湾	控导	10		10		1 500
			12	金沙沟	控导	6	3	9		1 330
			13	石空湾(张台)	险工	8		8		1 070
			14	倪丁(北营)	险工	5	2	7		760
			15	太平	控导	3		3		330
			16	黄庄	险工	7	2	9		1 300
			17	童庄(陆庄,董庄)	险工	12	7	19		1 260
			18	高山寺	控导	12		12		1 500
	右岸	中卫市	19	枣林湾(寿渠)	险工	5	3	8		1 096
			20	倪滩	险工	13	3	16	60	1 731
			21	七星渠口	险工		14	14	865	1 735
			22	刘湾八队-申滩	控导	3	3	6	223	815
			23	永丰五队	控导	17	7	24	361	2 515
			24	许庄	险工	3		3		590
			25	沙石滩	控导	2	4	6		660
			26	何营(赵滩)	控导	9	6	15	103	1 065
			27	旧营	控导	3		3		950
			28	马滩	控导	10		10		1 030
		中宁县	29	泉眼山	控导	5		5		500
			30	田滩	控导	6	4	10		1 235
			31	康滩	控导	3	1	4	450	864
			32	中宁大桥	控导	2		2		250
			33	营盘滩	控导	9		9		1 620
			34	长家滩	控导	9		9		1 870
			35	红柳滩	控导	7		7		1 200

续表 4-8

河段	岸别	属地	序号	弯道名称	工程性质	现状合计				
						坝	垛	合计	护岸(m)	工程长度(m)
青石段	左岸	青铜峡市	36	王老滩	控导	5	5	10	402	1 198
			37	梨铧尖	控导	3		3		245
			38	侯娃子滩	控导	4	6	10	190	1 010
			39	柳条滩	控导	1		1	2 030	2 030
			40	陈袁滩	控导	7		7	5 363	526
			41	光明-杨家滩	控导	4		4		400
		永宁县	42	南方	控导	14	4	18	252	2 300
			43	东河	控导		3	3	480	760
			44	东升	控导	4	6	10		728
		兴庆区	45	通贵	控导	11		11		1 216
			46	七一沟	控导	5		5		802
		贺兰县	47	关渠	控导	6		6		520
			48	京星农场	控导	13		13		1 470
		平罗县	49	四排口	控导	21	9	30		3 320
			50	五香五支沟	控导	9		9		904
		惠农区	51	礼和	控导	12	2	14	388	2 468
			52	三排口	控导	3		3	4 454	4 884
	右岸	青铜峡	53	细腰子拜	险工	2	14	16	1 075	
		吴忠市	54	蔡家河口(河管所)	险工	2	10	12		930
			55	梅家湾(秦坝关)	控导	19	1	20		1 360
			56	罗家湖	控导	5		5	416	796
			57	古城	险工	7	2	9	5 724	6 894
		灵武县	58	华三	险工	9	3	12	568	1 447
			59	苦水河口	控导	2	6	8		721
			60	种苗场	控导	13	2	15	393	1 458
			61	北滩	控导	14		14		1 770
			62	临河堡	控导				2 780	2 780
			63	金水	控导	2	7	9	660	650
		兴庆区	64	头道墩	险工	22	2	24	2 040	
		石嘴山市	65	下八顷	险工	15		15	517	1 917
			66	六顷地	险工	13		13		1 220
			67	东来点	险工	19		19		2 430
			68	北崖	险工	18	8	26		3 079
合计						492	187	679	28 439	92 873

4.3.2.2　青石河段

1. 青铜峡坝下至仁存渡河段

该河段《九五可研》规划弯道16处,除唐滩(原工程名称叶盛桥)、仁存渡2个弯道没有布设工程外,其他14个弯道均已完成工程布点。其中,犁铧尖、光明、苦水河口等3处工程坝垛较少,王老滩、细腰子拜、蔡家河口、侯娃子滩、梅家湾、柳条滩、罗家湖、陈袁滩、古城、华三、种苗场等11处重点弯道的坝垛工程配套较为完备,河势基本得到控制。其中的罗家湖至古城河段,是吴忠城市河段,结合控导工程和城市滨水景观建设,已对河道岸滩进行了渠化。

2. 仁存渡至头道墩河段

该河段《九五可研》规划弯道22处,仁存渡、沙坝头、史壕林场、临河堡、永干沟口、城建农场、灵武园艺场、绿化队、冰沟、陶林公路、七一沟、陶乐农牧场、月牙湖等13处弯道未进行工程布点,只有南方、东河、北滩、东升、金水、通贵、关渠、京星农场、头道墩9处弯道完成了工程布点,但只有南方、北滩、金水、京星农场、头道墩5处工程配套较为完备,其他的工程坝垛较少,对河势控制作用较小,整个河段河势基本没有得到控制。

3. 头道墩至石嘴山大桥河段

该河段《九五可研》规划弯道21处,只有下八顷、四排口、六顷地、五香、东来点、北崖、礼和、三排口等8处弯道完成工程布点,但工程坝垛尚未完全配套,其他13处弯道均未进行布点。由于控导工程布点少,该河段河势未得到控导。

《九五可研》以来,宁夏河段按照微弯型整治方案进行过系统规划,并按规划的弯道进行河道整治工程建设,在全部工程中,按微弯型整治方案规划修建的工程共计68处、坝垛数679道座、工程长度92.873 km。其中,险工20处、坝垛256道座、工程长度34.361 km,控导工程48处、坝垛423道座、工程长度58.512 km,护岸工程长度28.439 km。各河段现状河道整治工程情况见表4-8。

4.3.3　河道整治工程建设存在的主要问题

(1)河道整治工程不完善,河势未得到有效控制,防洪防凌安全隐患依然存在。

1998年以前,河道整治按宽河摆动整治(就岸防护措施),由于整治河道较宽,且河床及滩岸组成抗冲能力较弱,加之河道淤积,河势得不到有效控制。1998年以后,按《九五可研》规划的微弯型整治方案进行了系统的整治,对遏制河岸坍塌、保护堤防安全度汛、控导河势起到了重要作用。但由于投资条件的制约,大部分河段工程布点及工程长度与整体规划的规模存在很大差距,难以形成有效的河势控导能力。

按照国务院批复的《黄河流域防洪规划》,宁夏266.74 km平原河段内共需安排河道整治工程96处,工程总长度175.88 km,坝、垛、护岸1 727道(段),现状工程利用453道。2010年,国家发改委根据防洪规划的要求,在"九五"期间实施工程基础上,又批复了《近期可研》,安排新建坝、垛123道,护岸11.171 km,新续建工程长度45.4 km。《近期可研》工程全部实施后,宁夏河段符合规划要求的河道整治工程只有679道坝、垛,为规划的39.3%,由于工程缺口大,加上近期实施工程多是以除险护堤为主,采用的平顺护岸、人字垛等布置方式对河势影响小,没有起到稳定流路、减少河势摆动的目的。因此,在河势未控制河段,大洪水时仍有发生"横河""斜河"冲毁堤防的可能,沿黄防洪大堤、城镇、村舍、引取水口、主要公路及铁路等仍受到严重威胁。

(2)河道整治老工程标准低、结构不合理,汛期出险严重。

2005 年以前修筑的坝、垛受投资限制,坝体根石只按施工期冲刷深度抛投,没有进行根石预抛,达不到根石设计深度的要求,经长时间的水流淘刷,坝体已破损严重,多处工程根石走失、坝头坝体塌陷失稳,汛期出险严重,已危及工程的安全。同时,由于施工设计多采用传统的草土石结构,存在可靠性差、抢险次数多、强度大等问题。

4.4　洪凌灾害及险情

4.4.1　历史洪凌灾害

宁夏部分河段主流摆动频繁,且大部分为封冻河段,洪、凌灾害频繁。20 世纪有记载的洪峰流量大于 5 000 m^3/s 的洪水共 5 次,分别为 1904 年(8 010 m^3/s,指青铜峡断面,下同)、1946 年(6 230 m^3/s)、1964 年(5 930 m^3/s)、1967 年(5 140 m^3/s)和 1981 年(6 040 m^3/s),每次大洪水都给沿岸广大人民群众的生命财产造成了不同程度的损失。

1964 年洪水历时 32 d,洪量 98.0 亿 m^3,洪峰流量大于 5 000 m^3/s 的持续时间为 5.4 d。当年春,国家气象局预报黄河有大水,宁夏自治区立即组织沿河各县(市)修筑防洪堤 280.0 km。洪水到来时,沿河动员 10 万军民防洪抢险,正在施工的青铜峡水利枢纽,打开上、下围堰并拆除施工铁路过洪,淹没基坑影响工期半年。据汛后调查,实际受淹农田 4.0 万亩,房屋淹没 700 多间、倒塌 68 间,陶乐县惠民渠决口,淤积七星渠和跃进渠几十千米。

1981 年洪水历时 34 d,洪量 124.0 亿 m^3,洪峰流量大于 5 000 m^3/s 的时间为 6 d,实测洪峰流量 6 040 m^3/s,还原后为 7 030 m^3/s。由于汛情传递准确及时,事先搬迁转移人口、抢收庄稼,沿河 20 万军民提前进场防洪抢险,整修防洪堤 275.0 km,新筑堤防 85.0 km,使损失大大减轻。实际淹没农田 8.7 万亩,房屋淹没 4 500 间、倒塌 1 200 间,冲毁码头 300 多座。中宁田家滩、吴忠陈袁滩、中卫刘庄和申滩等多处防洪堤决口,给国家和当地人民群众造成重大损失。

除伏秋大汛洪水外,宁夏河段冰凌洪水灾害也很严重。据冰情资料分析,冰凌灾害多发和重灾河段主要集中在中宁县石空至渠口农场、青铜峡至叶盛桥、永宁县望洪至石嘴山大桥河段。1954~1955 年凌汛季节,由于冬季气温偏、低后期偏暖,封冻期长,开河流量大(980 m^3/s),在青铜峡峡口以下几十千米的河段出现严重冰坝,青铜峡站开河水位最高达到 1 136.54 m(大沽),与 20 年一遇洪水接近,青铜峡至古城、罗家河等处结冰坝 12 处,最大冰坝长 6.0 km、高 3.0 m。3 月 10 日,开河冰凌拥塞唐徕渠、汉延渠、惠农渠口,为确保干渠安全,动员了 3 000 多人参加防凌抢险,奋战 6 个日夜,取得了防凌胜利。1966~1967 年凌汛季节,由于 3 月上旬一次强降温天气,蔡家河口、通贵、石嘴山钢厂等地出现冰坝,淹地 3 000 多亩。1967~1968 年,青铜峡库区上游出现冰塞,初封河时 500 m^3/s 水位与汛期 2 500 m^3/s 水位相近,最高水位比汛期 5 240 m^3/s 水位接近或高出 0.4~1.32 m,造成中宁康滩至枣园 16.0 km 河段的 5 个乡 1 556 户 9 840 人受灾,淹没土地 17 155 亩、房屋 364 间(其中倒塌 22 间),损失粮食 5 000 kg,直接经济损失 926 万元。受淹土地无法播种,严重影响夏粮生产。枣园一带河岸受水流冲刷塌滩严重,河道整治工程损坏较多。1993 年、1998 年 1 月封河时,青铜峡库区冰塞,壅水水位接近 1981 年大洪水时水位,青铜峡鸟岛上水,中宁、渠口农场等地直接经济损失 400 多万元。截至 1998 年,宁夏河段共发生冰凌灾害 28 次,冰凌灾害直接经济损失约 2 500 万元。

自刘家峡水库、龙羊峡水库相继投入运行以来,宁夏河段的来水来沙过程发生了较大变化,中常洪水引起的河势变化较大,塌岸、塌堤和塌村等情况时有发生。据不完全统计,1979~1993 年由于中小水淘刷,沙坡头坝下至石嘴山大桥河段,塌毁农田 34.37 万亩、堤防 131.05 km、道路 152.7 km、渠沟 227.45 km、各类水利设施 1 829 处、房屋 4 515 间,涉及人口约 2.5 万人。根据调查,以 1990 年不变价计算,发生大洪水的年份,直接经济损失达 5 000 万~8 000 万元,其他年份主要是塌岸损失,年均 1 500 多万元,凌汛损失 400 多万元,被动抢险费 300 多万元。由于河势摆动,一些灌区引水(如礼和泵站引水等)十分困难,并危及饮水安全(如平罗县陶乐镇)。历史上及近期的洪水灾害统计见表 4-9、表 4-10。

表 4-9　宁夏黄河段主要历史洪水灾害

朝代	历史洪水	历史洪水灾害
东汉灵帝光和六年	公元 183 年秋	兰州河水溢出二十余里
唐高宗仪凤二年	公元 677 年	黄河大水淹毁怀远县(位于银川市东约十里处)
宋代	公元 1002 年、1061 年、1111 年发生 3 次洪水	河水暴涨,渠溢、堤陷,淹没军营民舍,居民漂没者无数
明代、清代	公元 1384 年、1428 年、1448 年、1587 年、1662 年,发生 5 次洪水	黄河大水使灵州 2 次迁移,1 次受淹,河水冲毁汉唐坝、西汉河拦水堤
清顺治初年	公元 1644 年	河水冲灵武城
清康熙九年	公元 1670 年	河水溢淹灵州城南关居民
清乾隆年间	公元 1736 年、1738 年、1739 年、1760 年、1780 年,发生 5 次洪水	河水泛滥,中卫、中宁、灵州、宁溯、平罗等县近河的村舍、田园被淹塌,堤坝陷入河中
清嘉庆年间	公元 1802 年、1806 年、1808 年、1819 年,发生 4 次洪水	宁溯、灵州、中卫、平罗、永宁等县沿河村庄、农田因河水盛涨而被淹浸毁塌,美丽渠坝被冲
清道光年间	公元 1831 年、1832 年、1849 年、1850 年,发生 4 次洪水	河水猛涨,冲坏猪嘴码头,淹泡农田,人畜死亡无数
清咸丰七年至光绪三十年	公元 1857 年、1898 年、1904 年,发生 3 次洪水	河水涨发,两岸农田房屋冲入河中,四大干渠均决口(1904 年,青铜峡洪峰流量 7 450 m³/s),淹没民田房舍无数,平罗石嘴山尤其严重
中华民国年间	公元 1934 年、1935 年、1943 年,发生 3 次洪水	黄河水横溢泛滥,冲毁两岸农田、滩地、民舍,细腰子拜被冲断 2 处,灾情严重
	公元 1946 年发生洪水 1 次	黄河青铜峡洪峰流量 6 230 m³/s,两岸农田受淹面积 20 多万亩,秦渠、汉延渠、惠农渠均遭冲决,民生渠以东一片汪洋

表 4-10　宁夏黄河干流 1979~1989 年洪水灾害统计

县(市)	冲毁农田(亩)	冲毁河滩(亩)	冲毁林地(亩)	塌陷房舍(间)	塌陷沟渠(km)	塌陷堤防(km)	塌陷道路(km)	塌毁取排设施(座)	搬迁人口(人)
中卫县	26 136	42 591	11 960	840	16.88	23.93		78	3 965
中宁县	28 312	340	1 456	943	26.07	18.02		152	581
青铜峡市		500	200			4.6			5 549
吴忠市	12 715	8 116	950	1 389		13		12	9 360
灵武县	6 500	13 500	1 000		5	55		4	53
永宁县	1 400	2 500	1 700	45	0.6	13		4	250
贺兰县	17 260	9 393	6 357	138	98.5	22.3	13.7	4	216
平罗县	11 944	15 300	550	349	38	4.9	0.4	4	2 537
陶乐县	13 150	62 000	600	495	24	4.2		84	925
惠农县	153	314	230	19	1.1				
合计	117 570	154 554	25 003	4 218	210.15	158.95	14.1	342	23 436

4.4.2　近期洪凌灾害

4.4.2.1　2012 年汛期洪水出险情况

2012 年夏季,宁夏黄河干流发生了 1981 年以来持续时间最长的一次大洪水过程。7 月、8 月间,兰州以上黄河流域出现大范围、大强度、持续性降水,黄河上游及大通河、洮河、湟水等主要支流先后多次来洪,大洪水过程持续时间长达 54 d,宁夏河段水位最大涨幅达 2.62 m,部分河段水位甚至超过 1981 年大洪水水位,黄河防汛形势严峻。这次洪水的主要特点如下:

一是降水范围广,雨量大。黄河上游流域出现大范围、持续性降水过程,平均面降雨量累计达 232 mm,较多年平均值多 34.9%,为 1961 年以来降雨最多的年份,部分站点降雨量创有观测记录以来的历史最高。同期,宁夏中北部也先后出现 5 次短历时、高强度、大范围强降水过程。尤其是 7 月 29 日,中北部降大到暴雨,多地降水量达百年一遇,入黄支流及各排水沟道入黄流量也大幅增加,自 7 月 30 日至 8 月 9 日一直保持在 200 m³/s 以上,引黄灌区各大干渠大幅压减灌溉引水流量,给已十分严峻的黄河防汛形势造成更大压力。

二是洪水量级大,水位高。7 月 25 日,黄河上游唐乃亥水文站实测流量为 3 440 m³/s,龙羊峡水库迎来自 1986 年蓄水以来的最大洪水;7 月 30 日,兰州水文站出现 1986 年龙刘两库联合调度以来的最大洪峰 3 860 m³/s。7 月、8 月间,黄河上游主要支流来水较常年偏多2~8成,大通河先后出现7次洪水过程,湟水出现4次洪水过程,洮河出现7次洪水过程,黄河干流累计来水量达118.7亿 m³,较多年平均值多43.2%。

受黄河上游干支流来水影响,自7月23日起,宁夏河段流量持续上涨。7月31日19时,下河沿水文站实测流量2 820 m³/s,为2012年第1号洪峰,之后一直持续在2 500 m³/s以上,至8月12日,流量增加至3 000 m³/s。8月27日下河沿水文站实测流量达3 520 m³/s,28日青铜峡水文站实测流量3 070 m³/s,31日石嘴山水文站实测流量3 400 m³/s,均为相应河段2012年最大洪峰流量。

由于宁夏河段多年未遇大洪水,一些河段由于河道淤积,加之采砂侵占河道等,过流能力下降。此次大洪水过程,河段水位普遍呈现出超常规涨高现象。卫宁河段水位涨幅在1.26~2.18 m,青石河段水位涨幅在1.05~2.62 m。洪峰流量虽然较"1981年大洪水"小,但中卫市申滩至永丰河段、兴庆区石坝河段水位超过1981年大洪水0.10~0.18 m,陶乐黄河大桥以下河段接近1981年大洪水水位。

三是持续时间长,应对难。自7月24日起,宁夏河段经历了长达54 d 2 000 m³/s以上的大流量过程,持续时间较1981年大洪水多7 d,2 500 m³/s以上来水持续时间长达39 d,3 000 m³/s以上长达22 d,对宁夏河段防汛抢险工作提出了严峻的考验。

四是洪灾范围广,损失重。据统计,此次大洪水过程共造成宁夏沿黄10个县(市、区)22个乡(镇)12万人不同程度受灾,38间临时房屋受淹,51处124.0 km堤防偎水,65处7.54 km护岸因主流顶冲发生坍塌破坏;200多座坝、垛等控导工程因河水冲刷根部淘空,出现裂缝、沉陷和滑塌;滩区全面上水,23.0万亩农作物被淹,8.5万亩作物浸泡死亡,1 100多亩护岸林地受淹;41座小型泵站、15处渠道引水口、5处泊船码头等涉河工程不同程度受损;16条大排水沟道和主要支流回水倒灌、排水不畅。初步估算直接经济损失约3.5亿元。

4.4.2.2　近期凌灾情况

1999~2000年度石嘴山市、平罗县在封河时淹没堤坝工程,开河时水流急泄,造成多处堤防滑塌,直接经济损失300多万元;2003年平罗县、贺兰县、兴庆区、永宁县封河时水位上涨1.6~1.8 m,造成河水倒灌,堤防、坝垛等水利工程严重受损,直接经济损失500多万元。

2004~2005年度凌汛期,宁夏河段多处出现冰塞,惠农区、平罗县、贺兰县、兴庆区、永宁县等地22.0万多亩河滩地漫水,110.0 km堤防偎水,12.0 km堤防严重受损。90余道坝、垛体土方坍塌,联坝冲毁,1 000余座小型农田水利工程遭到不同程度的损坏。

2007~2008年度凌汛是1968年以来最严重的一次,封河长度达260.0 km,封河时水位骤涨1.0~2.0 m,中卫至惠农沿河10县(市)及渠口农场等不同程度遭受凌灾。有350.0 km多堤防遭受冲淘破坏,1.5万亩农田、500多个鱼池被淹,20.0万亩滩地漫水;10座扬水站受淹,设备被毁,5.0 km输电线路受损,1 000余座建筑物损坏,先后有3 400人受到威胁。开河期,由于水位回落迅速,中宁、吴忠等地100多 m堤防出现裂缝、滑塌,10余座坝垛受冰凌冲撞塌陷。凌灾造成直接经济损失近亿元,新中国成立后的凌汛灾害统计见表4-11。

表 4-11　宁夏河段新中国成立后历年冰凌灾害统计

序号	发生时间（年-月-日）	发生地点	冰坝特征				冰凌灾害统计					
			结坝历时(h)	冰坝长度(km)	冰坝高度(m)	壅水高度(m)	淹没耕地(亩)	冲淹房屋(间)	粮食损失(万kg)	其他	受灾人数(人)	备注
1	1950-02	中宁县葫麻滩		0.5								
2	1952-03	青铜峡蔡家河口	130		3.0						20	
3	1953-03	惠农,汉延渠口								冲决渠,码头		
4	1955-03	青铜峡—罗家河		6.0	3.0					300多人参加防凌抢险，消耗炮弹244发，手榴弹325颗，雷管100个，炸药800 kg，油漆布、白布167 m等抢险物资		
5	1957-03	青铜峡蔡家河口	100									
6	1958-03	石嘴山头道墩		1.0	2.0							
7	1962-03	青铜峡蔡家河口	60									
8	1963-03	石嘴山钢厂	7	1.0	2.0	2.0						
9	1964-03	青铜峡王家嘴子	8	3.0	2.0~3.0	1.0						
10	1967-03	青铜峡蔡家河口	48									
11	1967-03	贺兰县通贵	4		1		3 000					
12	1967-03-17	石嘴山水文站基下2.3 km	32	2.1	0.7~1.0	2.0				电厂引水工程围堰处水位猛涨，出现险情		
13	1967-03-18	石嘴山水文站基下8.5 km	47	5.0	0.7~1.0							
14	1967-12-25,1968-01-03~04	中宁县康滩、城关、东华、长滩、枣园等5个乡10个村		冰塞16.0km	1.0	2.0	17 155	364	0.5	林场6个，枣树31亩，枸杞9亩，肥料7 615 车，河岸坍塌，护岸冲毁，受淹耕地小麦无法播种	9 840	封河时出现冰坝，出动飞机轰炸或炸药破，效果不大
15	1969-01-14	中宁县余丁		3.0	3.0	2.0	300					

续表 4-11

序号	发生时间（年-月-日）	发生地点	冰坝特征							冰凌灾害统计		备注
			结坝历时（h）	冰坝长度（km）	冰坝高度（m）	壅水高度（m）	淹没耕地（亩）	冲淹房屋（间）	粮食损失（万kg）	其他	受灾人数（人）	
16	1975-03-02	石嘴山惠农农场二站				0.5	3 720			防洪堤决口		
17	1980-03-04	陶乐县五堆子				1.0						
18	1988-01-10~20	中宁县渠口农场				1.0				淹没石油过河管道施工现场及渠口农场土地,损失羊81只		坝上11.0 km处鸟岛上水
19	1989-01-10~20	中宁县白马				2.6						
20	1993-01-22	中宁县渠口农场		1.2			4 589			淹精养鱼池504亩,冲毁斗渠、沟及桥梁建筑物数十座,冲毁河堤30 m,漫堤400 m,淹没耕地,农场损失169.4万元		
21	2008-01	中卫至惠农沿河10县(市)及渠口农场等地不同程度遭遇凌灾								350 km堤防限水冲刷,50余km堤防水位距堤顶不足50 cm,300多m防洪堤漫顶;187余座坝坝及桥梁建筑受冰凌冲撞,受损严重,1.5万亩农田、500多亩鱼塘被淹;20万亩滩地漫水,10座扬水站水泵站受淹,5 km输电线受损,千余座建筑物损坏,直接经济损失近亿元		

4.5 现状大堤决口淹没范围及影响

黄河从宁夏中卫市入境,于石嘴山市出境,穿越 11 个县(市、区),流程 397.0 km,流域面积 5.0 万 km²,占全区总面积的 96.6%。黄河两岸是全国著名的宁夏引黄灌区,平原区土地辽阔,地势平坦,是社会经济发展的精华所在。宁夏 75.0% 以上的粮食产量和 90.0% 以上的工业产值来源于黄河两岸的引黄灌区,区域内有包兰铁路、中宝铁路、G25 高速公路、109 国道、110 国道和大批工矿企业基础设施。

根据历史洪水并结合当前地形地物情况,按照下河沿至石嘴山 20 年一遇设计洪水水面线推算,宁夏河段堤防保护范围 1 208.9 km²(见表 4-12),涉及 10 个县(市、区),包括中卫市、中宁县、青铜峡市、吴忠市的利通区和灵武市,银川市的永宁县、兴庆区和贺兰县,石嘴山市的平罗县、惠农区。保护区耕地 135.0 万亩,人口 80.2 万人;还涉及七星渠、跃进渠、固海扬水、宁夏扶贫扬黄灌溉工程水源泵站、青铜峡引水等著名灌区以及大型电厂的引(提)水口,淹没范围内还有包兰铁路、109 国道、110 国道等重要交通设施及石嘴山工业基地。

表 4-12 宁夏河段堤防现状保护范围情况统计

岸别	河段	保护范围 (km²)	保护耕地 (万亩)	保护人口 (万人)	影响县(市、区)
左岸	沙坡头坝下至枣园	147.5	16.5	9.29	中宁、中卫
	青铜峡坝下至石嘴山大桥	610.7	67.4	37.77	利通区、青铜峡、永宁、贺兰、平罗、惠农、石嘴山
	小计	758.2	83.9	47.06	
右岸	沙坡头坝下至青铜峡	118.1	13.8	6.55	中宁、中卫
	青铜峡坝下至石嘴山大桥	332.6	37.3	26.54	青铜峡、利通区、灵武、平罗
	小计	450.7	51.1	33.09	
合计		1 208.9	135.0	80.15	

宁夏河段沿黄两岸是人口相对比较密集的地方,主要为回、汉民族,同时是全区工农业相对发达的地区,黄河防洪工程一旦失事,势必造成重大的国民经济损失,将对宁夏的经济建设及社会安定团结造成巨大的影响。因此,确保宁夏河段的防洪安全,减少洪凌灾害损失具有重要的社会意义和政治意义。

第5章　河势变化及影响因素研究

5.1　河道历史演变

5.1.1　宁夏平原的形成

第三纪时,黄河所在流域湖泊众多,宁夏平原早先亦为湖泊,更新世时,湖泊先后干涸消亡,至今地面仍继续下沉接纳泥沙堆积。宁夏黄河干流是在湖泊的基础上发育而成的。

宁夏平原在地貌类型上属黄土高原中的宁夏平原部分,地处黄河上、中游与裂谷盆地之间。流域内夏秋之际暴雨集中,沙源丰富,加之南宋之前的古黄河频繁改道,洪水泛滥,挟带的泥沙倾泻于裂谷盆地内,形成宁夏平原,又分为卫宁平原和银川平原。

卫宁平原西起沙坡头,止于青铜峡,长约 105.0 km,宽 1.0 ~ 1.5 km;南岸由冲积、洪积砂砾石构成,北岸为黄河古道遗址。银川平原南起青铜峡、北迄石嘴山大桥、西依贺兰山洪积扇、东傍鄂尔多斯台地;长约 165.0 km,宽 40.0 ~ 60.0 km。青铜峡附近地面多为砾石,灵武、叶盛一带以砂、砂砾石为主,以下河道为砂、黏土。

5.1.2　河道演变

卫宁平原的河道古无记载,从地形和黄河推移质的遗存判断,古时黄河流出黑山峡后,曾由中卫县的碱碱湖、荒草湖、马场湖、高墩湖、龙宫湖、姚家滩、新谢滩,过黑山嘴、李家园子、黄家拜、九塘湖、钓鱼台至胜金关一带流过,河流分汊较多,古河床遗迹现今依然可见。黄河南岸的南山台子脚下的永康堡、红崖子等处亦有河道南移将洪积扇冲塌成陡崖的遗迹;泉眼山台地至中卫宣和堡东南台地上有古渠痕迹,传为昊王渠,是河道南移之前傍香山洪积扇边缘开过的古渠遗迹。中宁县境内南岸北河子为黄河古道遗址,北岸靠山较近,河床摆动幅度较小,1980 年以前河床主流靠近胜金关,从石空湾而过,如今主流已离老岸 500 ~ 1 000 m 不等,均为人为活动与河流堆积自行调整的结果。银川平原流路相对固定,但河道仍有摆动和改道,并导致沿河一些城市的兴废。银川平原沿河分布的城市具有沿河不靠河的特点。

黄河流出青铜峡后,平原开阔,河道变迁较大,古河道分东西两河北流,至银川市(古典农城),转东北流至平罗暖泉(古县城)东又北流,再向东北流往石嘴山。根据史籍记载的城镇与河道变迁,青铜峡至石嘴山大桥段古道变迁大体分为三段。

5.1.2.1　上段河道变迁

自青铜峡至横城堡河段,在明洪武十七年(1384 年)及宣德三年(1428 年)灵州城殷河水崩陷,两次迁移,河道几度东移;天启二年(1622 年)"河大决(灵武),居民屡夜惊,议他徙",河东道张九德令以石筑堤,即用丁坝挑流与顺坝护岸相结合的方法挑大流行于故道;清顺治初年(1644 年),河道又东移,冲刷灵州,乃于河忠堡西岸挑沟,以分水势,后来河竟西趋。

5.1.2.2　中段河道变迁

自横城堡至马太沟河段,唐仪凤二年(公元 677 年)黄河大水毁怀远城,明万历年间高台寺黄河崩没,期间的近千年间,黄河主流东西摆动,时而东徙,时而折回。

5.1.2.3　下段河道变迁

自马太沟至石嘴山大桥河段,河道为沙质河床,主流易徙,分汊较多,最早的古道位于现今的惠农渠和唐徕渠之间的西河,最明显的是清初顺治年间大水后,主河道又从崀城西移至城东,涸出了广袤的河滩,为雍正年间开惠农渠、昌渠,发展引黄灌溉创造了条件,目前下段河道仍摆动频繁。

5.2　影响河势变化的因素

河势变化是指河道水流平面形式的变化,其影响因素主要有来水来沙条件、河床组成、节点及已建的河道整治工程(包括控导和险工,下同)。重点研究河床组成对河势变化的影响。

5.2.1　来水来沙条件

河势变化是来水来沙条件与河床边界相互作用、相互影响的结果,不同的来水来沙条件,塑造不同的河床形态。黄河宁夏干流为冲积性河流,按河床演变特性可分为分汊型、过渡型和游荡型。不同的水沙条件对不同河型的作用也不相同。

5.2.1.1　分汊型河段

分汊型是冲积河流中常见的一种河型。根据分汊型河道的演变特性,河流一般分为两汊,也有多汊;分汊型又分为稳定型和非稳定型两种。

大中洪水时,在稳定分汊型河段,洪水期间分流点缓慢下移,类似于弯道顶部的河槽演变,冲刷滩岸;在非稳定分汊型河道,主要表现为主支汊易位,但河势变化幅度及强度均小于游荡型河道,如卫宁河段 WN15 断面处,见图 5-1;当遇大中洪水,河心滩抗冲性相对较弱时,则切割河心滩,演变为多汊,如卫宁河段张滩及跃进渠口处的河心滩,见图 5-2。

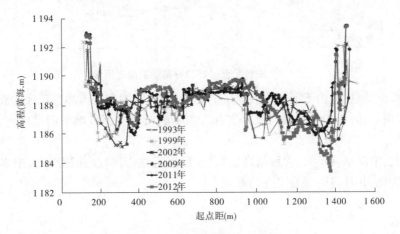

图 5-1　卫宁河段 WN15 断面

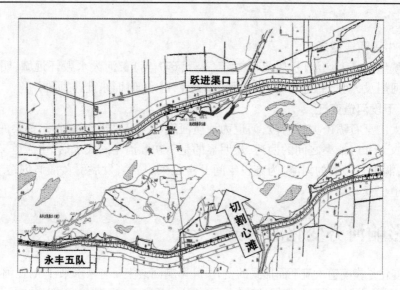

图 5-2　卫宁河段跃进渠口 2012 年洪水切割心滩

5.2.1.2　游荡型及过渡型河段

游荡型河段洪水期具有主流趋直、主流线长度变短的特性,如统一至礼和段,河势居中下行。洪水期河势下挫严重,如四排口弯道等。工程配套较好的河段,流路基本稳定,如种苗场至南方河段,见图 5-3;工程配套不完善的河段,河势摆幅较大,如四排口至东来点河段,见图 5-4。在河床宽浅的河段,泥沙大量落淤,河床调整迅速,出现"横河""斜河"现象。

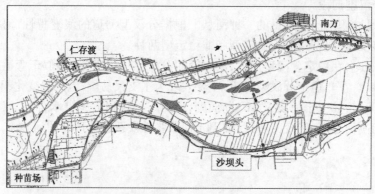

图 5-3　工程配套较好的种苗场至南方河段

小水水流动量小,由于河床物质组成的不均匀性,河湾在有抗冲性较强的胶泥层制约下,出现弯顶下移,逐步发展成"Ω""S""M"型河湾,导致主流线曲率明显增大,主流线长度增加。

由于大、中洪水动量大,含沙量高,对造床起决定性作用,故往往在大、中水期引发河势的剧烈变化,并且多表现为突变的形式。

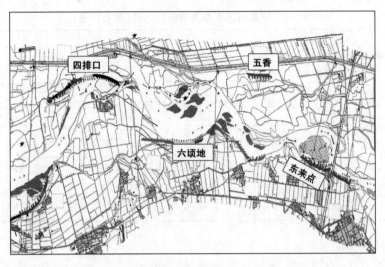

图 5-4　工程配套不完善的四排口至东来点河段

5.2.2　床沙组成

5.2.2.1　床沙测验方案设计

依据宁夏河段河型、河性、河道整治现状工程建设及历次河势变化情况,共布设 7 个床沙测验断面,其中卫宁河段 3 个,分别为 WN2、WN10、WN20;青石河段 4 个,分别为 QS11、QS18、QS26、QS29。卫宁、青石河段各床沙取样断面位置及名称分别见表 5-1 和表 5-2,各取样断面形态及取样点位置见图 5-5 ~ 图 5-11。

表 5-1　宁夏河段床沙测验断面布设(卫宁河段)

河段	断面号	距沙坡头里程(km)	工程位置	断面坐标		备注
				起点	终点	
沙坡头坝下至青铜峡库尾	WN2	4.45	李家庄	(4149094.091,507467.947)	(4148434.43,507941.00)	岔道处
	WN10	26.75	跃进渠	(4151608.92,530292.74)	(4150428.83,530518.19)	跃进渠引水口
	WN20	58.79	倪丁工程上首	(4156930.07,561928.776)	(4155374.44,562291.27)	主汊在右岸

各断面布设 1~2 个取样点,取样点位于靠近主槽或滩槽交界处。各取样点共取 2 ~ 3 组沙样,即表层及以下 0.5 m、1.0 m 各取 1 组沙样。

5.2.2.2　床沙颗分试验检测成果

根据床沙设计方案,对宁夏河段床沙进行了取样测验,室内颗分试验检测成果见表 5-3、表 5-4。

表 5-2 宁夏河段床沙测验断面布设(青石河段)

河段	断面号	距青铜峡里程(km)	工程位置	断面坐标		备注
				起点	终点	
青铜峡坝下至仁存渡	QS11	34.01	仁存渡	(4223670.16,606643.18)	(4222928.38,607539.58)	分汊型与过渡型的始点
仁存渡至头道墩	QS18	58.43	机场公路	(4246524.13,618956.37)	(4245074.134,620243.057)	河势多年靠右岸行进
	QS26	98.12	京星农场	(4278923.302,633947.661)	(4276898.875,636042.356)	主槽摆动不定
头道墩至石嘴山大桥	QS29	112.04	四排口险工下游	(4292384.57,638055.80)	(4290912.556,642621.653)	防洪的重点治理河段

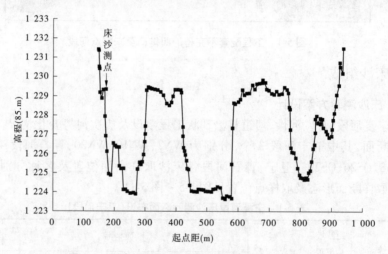

图 5-5 卫宁河段 WN2 断面形态图(2012 年测)

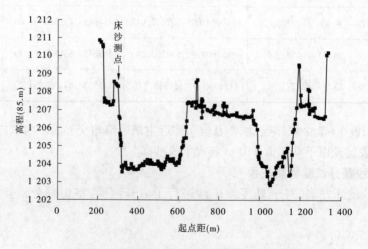

图 5-6 卫宁河段 WN10 断面形态图(2012 年测)

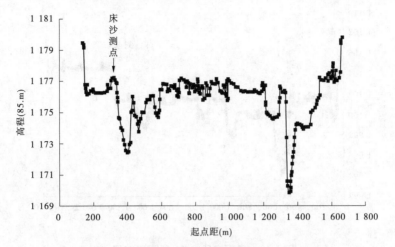

图 5-7　卫宁河段 WN20 断面形态图（2012 年测）

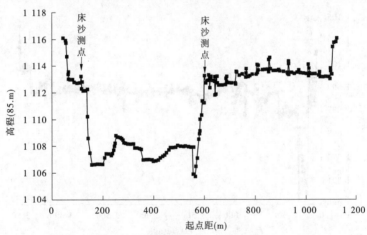

图 5-8　青石河段 QS11 断面形态图

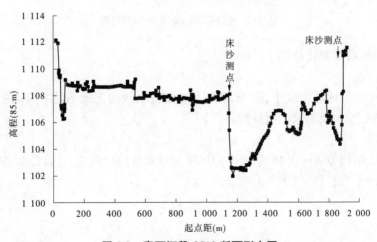

图 5-9　青石河段 QS18 断面形态图

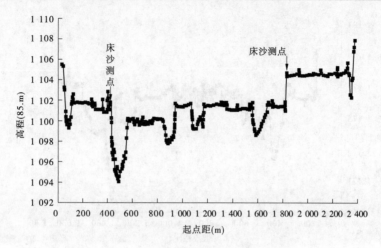

图 5-10　青石河段 QS26 断面形态图

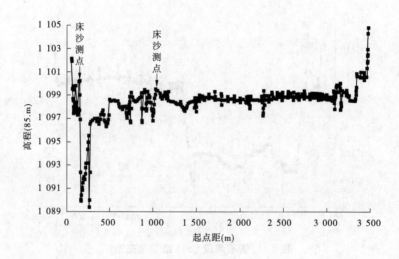

图 5-11　青石河段 QS29 断面形态图

5.2.2.3　床沙沿程变化特性

1. 卫宁河段

由于卫宁河段床沙组成中,砂粒、粉粒及黏粒占全沙的比例不足 10%,因此仅分析青石河段的砂粒、粉粒及黏粒沿程特性。

2. 青石段

根据青石河段 QS11、QS18、QS26 和 QS29 床沙取样测验成果,统计分析各断面不同深度取沙样点的平均粒径,见表 5-5。

表 5-3　卫宁河段床沙室内颗分试验检测成果

钻孔或试坑编号	室内沙样编号	取样深度(m)	漂石或块石	卵石或碎石			圆砾或角砾				砂粒				粉粒	黏粒	特征值(mm)			按照土粒组成或塑性指数定名
			>200	80.0~60.0	60.0~40.0	40.0~20.0	20.0~10.0	10.0~5.0	5.0~2.0	2.0~1.0	1.0~0.5	0.5~0.25	0.25~0.10	0.10~0.075	0.075~0.005	<0.005	D_{50}	D_{30}	D_{10}	
			不同粒径(mm)所占比例(%)																		
WN2-1	2014-A12-69	0.1		40.4	28.5	22.5	5.0	0.3	0.1	0.1	0.1	0.1	0.5	0.5	1.9		54.00	40.00	22.00	卵石
WN2-2	2014-A12-70	0.5		23.8	23.6	28.5	16.7	3.7	0.2	0.2	0.2	0.2	1.8	0.6	0.6		38.00	25.00	12.00	卵石
WN2-3	2014-A12-71	1.0		17.1	24.7	33.7	14.8	3.9	0.3	0.3	0.3	0.4	3.2	0.7	0.8		35.00	24.00	10.00	卵石
WN10-2	2014-A12-73	0.5		9.3	22.5	29.9	13.3	11.3	0.5	0.6	0.6	2.5	6.3	1.3	2.2		27.00	15.00	0.25	卵石
WN10-3	2014-A12-74	1.0			10.8	52.6	24.7	2.0	0.1	0.2	0.2	2.3	5.4	0.7	1.1		25.00	18.00	9.00	卵石
WN20-2	2014-A12-76	0.5			3.0	19.1	47.9	21.6	1.7	1.1	1.1	1.8	1.8	0.4	1.4		16.00	10.00	5.50	圆砾
WN20-3	2014-A12-77	1.0		11.1	22.6	37.2	18.6	2.1	0.2	0.2	1.1	1.9	2.5	0.6	2.1		18.00	10.00	5.00	圆砾

表 5-4　青石河段河床室内颗分试验检测成果

钻孔或试坑编号	室内沙样编号	取样深度(m)	砂粒 >1.0	1.0~0.5	0.5~0.25	0.25~0.125	0.125~0.1	0.1~0.062	0.062~0.05	0.05~0.031	0.031~0.025	粉粒 0.025~0.016	0.016~0.008	0.008~0.005	0.005~0.002	黏粒 <0.002	D_{10}	D_{30}	D_{50}	按照土粒组成或塑性指数类定名
QSI1-1	2014-A13-417	右岸0			0.3	0.3	0.4	9.5	6.0	27.5	9.0	21.0	17.5	2.5	2.0	4.0	0.009	0.017	0.029	重粉质沙壤土
QSI1-2	2014-A13-418	右岸0.5			0.5	4.0	1.5	20.0	17.5	30.5	9.0	3.5	1.5	1.0	1.0	10.0	0.002	0.039	0.049	轻粉质壤土
QSI1-3	2014-A13-419	右岸1.0			1.0	0.5	0.5	32.0	28.0	17.0	4.0	6.0	6.0	2.0	1.0	2.0	0.015	0.044	0.055	轻粉质沙壤土
QSI1-4	2014-A13-420	左岸0					0.3	6.7	8.0	27.0	8.5	20.5	19.0	1.0	0.3	8.7	0.008	0.017	0.026	重粉质沙壤土
QSI1-5	2014-A13-421	左岸0.5			0.5	2.0	1.0	12.0	44.0	20.0	3.0	6.5	5.5	1.0	1.0	3.5	0.015	0.044	0.053	轻粉质沙壤土
QSI1-6	2014-A13-422	左岸1.0		0.5	0.5	26.0	21.0	20.0	5.5	13.5	4.0	4.5	1.0	0.5	0.5	2.5	0.028	0.060	0.097	轻砂壤土
QSI8-1	2014-A13-423	右岸0			0.5	2.5	0.5	18.0	11.5	22.0	7.0	15.5	15.0	1.0	1.0	5.5	0.0095	0.020	0.039	轻粉质沙壤土
QSI8-2	2014-A13-424	右岸0.5						2.5	14.0	32.0	13.0	16.5	13.0	0.5	1.0	7.5	0.009	0.020	0.033	重粉质沙壤土
QSI8-3	2014-A13-425	右岸1.0				0.5		5.0	5.0	18.0	10.0	23.0	21.5	5.5	4.5	7.0	0.003 3	0.014	0.020	轻粉质壤土
QSI8-4	2014-A13-426	左岸0				0.5		4.5	8.0	33.0	12.0	18.0	17.5	1.5	1.0	4.0	0.010	0.019	0.032	轻粉质沙壤土
QSI8-5	2014-A13-427	左岸0.5			6.0	2.5	1.0	10.5	4.5	22.0	9.5	17.0	16.0	3.0	2.0	6.0	0.007 3	0.017	0.032	重粉质沙壤土
QSI8-6	2014-A13-428	左岸1.0	0.5	4.5	28.0	16.0	0.5	11.0	6.5	13.0	4.0	7.0	5.0	0.5	0.5	3.0	0.018	0.047	0.100	轻砂壤土
QS26-1	2014-A13-429	右岸0			0.5	2.0	2.0	12.0	13.0	26.5	8.5	13.0	12.0	2.0	1.0	7.5	0.008	0.021	0.039	重粉质沙壤土

续表 5-4

钻孔或试坑编号	室内沙样编号	取样深度(m)	砂粒 >1.0	砂粒 1.0~0.5	砂粒 0.5~0.25	砂粒 0.25~0.125	砂粒 0.125~0.1	砂粒 0.1~0.062	砂粒 0.062~0.05	粉粒 0.05~0.031	粉粒 0.031~0.025	粉粒 0.025~0.016	粉粒 0.016~0.008	粉粒 0.008~0.005	粉粒 0.005~0.002	黏粒 <0.002	特征值 D_{10}	特征值 D_{30}	特征值 D_{50}	按照土粒组成或塑性指数定名
QS26-2	2014-A13-430	右岸0.5		0.5	0.5	27.0	13.0	19.0	5.0	17.5	6.0	5.5	2.0	1.0	0.5	2.5	0.023	0.045	0.080	轻沙壤土
QS26-3	2014-A13-431	右岸1.0	0.25	0.3	1.0	41.45	10.0	16.0	5.0	12.5	4.0	4.5	1.0	1.0	0.5	2.5	0.025	0.060	0.120	轻沙壤土
QS26-4	2014-A13-432	左岸0					0.5	4.5	5.0	16.0	6.5	20.0	26.0	7.0	4.0	10.5	0.002	0.011	0.017	重粉质壤土
QS26-5	2014-A13-433	左岸0.5			0.5	3.5	1.0	18.0	17.0	26.0	9.0	9.0	9.5	1.0	0.5	5.0	0.012	0.032	0.045	轻粉质沙壤土
QS26-6	2014-A13-434	左岸1.0			0.5	4.0	2.5	27.0	12.5	22.5	8.0	8.5	8.0	3.5	1.5	1.5	0.012	0.035	0.048	轻粉质沙壤土
QS29-1	2014-A13-437	右岸0			0.5	2.0	1.5	4.5	3.0	14.0	6.0	17.5	25.5	9.0	3.5	13.0	0.0015	0.0095	0.017	中粉质壤土
QS29-2	2014-A13-438	右岸0.5			1.0	9.5	4.5	18.0	12.5	16.5	5.0	10.0	12.0	3.0	3.5	4.5	0.007	0.022	0.047	重粉质沙壤土
QS29-3	2014-A13-439	右岸1.0	0.3		0.3	22.5	17.0	25.0	6.0	15.0	5.5	3.5	2.0	0.5	0.5	1.0	0.031	0.055	0.085	粉砂
QS29-4	2014-A13-440	左岸0			0.5		0.5	3.5	4.5	15.5	6.0	14.0	28.0	11.5	6.5	10.0	0.002	0.0085	0.015	重粉质沙壤土
QS29-5	2014-A13-441	左岸0.5			0.5	2.0	1.0	11.5	10.0	24.0	8.5	14.5	15.0	5.5	2.5	5.0	0.006	0.018	0.045	重粉质沙壤土
QS29-6	2014-A13-442	左岸1.0			0.5	1.5	0.5	14.5	14.5	24.0	9.5	9.5	13.0	5.5	4.0	3.0	0.0065	0.020	0.039	重粉质沙壤土

不同粒径(mm)所占比例(%)　特征值(mm)

表 5-5　青石河段床沙平均粒径沿程变化

断面号	岸别	编号	取样深度（m）	平均粒径（mm）	
				取样点	钻孔
QS11（距青铜峡34.01 km）	左岸	QS11 - 4	表层	0.030 2	0.070 6
		QS11 - 5	0.5	0.052 2	
		QS11 - 6	1.0	0.105 0	
	右岸	QS11 - 1	表层	0.033 5	0.047 5
		QS11 - 2	0.5	0.053 0	
		QS11 - 3	1.0	0.056 0	
QS18（距青铜峡58.43 km）	左岸	QS18 - 4	表层	0.031 4	0.083 8
		QS18 - 5	0.5	0.048 0	
		QS18 - 6	1.0	0.117 2	
	右岸	QS18 - 1	表层	0.044 1	0.038 2
		QS18 - 2	0.5	0.031 5	
		QS18 - 3	1.0	0.025 3	
QS26（距青铜峡98.12 km）	左岸	QS26 - 4	表层	0.023 2	0.045 8
		QS26 - 5	0.5	0.049 8	
		QS26 - 6	1.0	0.055 4	
	右岸	QS26 - 1	表层	0.042 3	0.089 9
		QS26 - 2	0.5	0.099 3	
		QS26 - 3	1.0	0.120 3	
QS29（距青铜峡112.04 km）	左岸	QS29 - 4	表层	0.021 1	0.035 6
		QS29 - 5	0.5	0.039 0	
		QS29 - 6	1.0	0.041 5	
	右岸	QS29 - 1	表层	0.027 4	0.062 8
		QS29 - 2	0.5	0.060 1	
		QS29 - 3	1.0	0.097 2	

1）左岸床沙沿程变化特性

图 5-12 为青石河段左岸各断面不同取样深度床沙平均粒径的沿程变化，表层床沙平均粒径沿程减小，但减小幅度不大，粒径由 0.030 mm 减少到 0.021 mm；表层以下 0.5 m 处床沙的粒径沿程变化不大；表层以下 1.0 m 处床沙的粒径沿程变化较大，粒径由 0.105 mm 减小到 0.041 mm。

从左岸地质条件分析，银川平原是新生代形成的断陷盆地。西依（黄河干流左岸）贺兰山,岩性沿程由单一的砂砾、圆砾结构递变为沙性土与黏性土互层的多层结构,故左岸表层粒径 $d < 0.025$ mm 的细泥沙占全沙的百分数沿程增大,由 49.5% 增大至 70.0%;粒径 0.025 mm $< d < 0.05$ mm 及 $d > 0.05$ mm 的中、粗泥沙含量沿程减小,见图5-13。

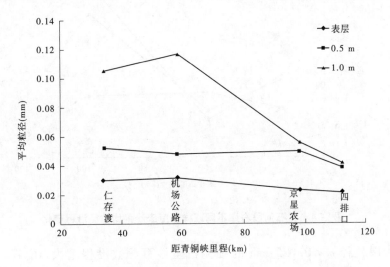

图5-12　青石河段左岸不同取样深度床沙平均粒径沿程变化

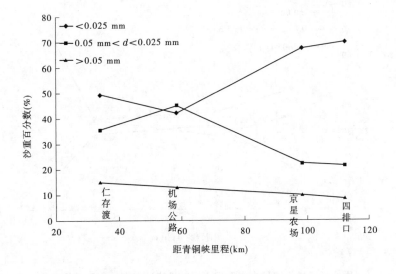

图5-13　青石河段左岸表层不同粒径床沙占全沙比例沿程变化

2)右岸床沙沿程变化特性

图5-14为青石河段右岸各断面不同取样深度床沙平均粒径的沿程变化,表层床沙粒径沿程变化不大,粒径由 0.034 mm 减小到 0.027 mm;表层以下 0.5 m、1.0 m 处床沙的粒径沿程增大,至四排口处,略有减小,其原因是右岸下段受鄂尔多斯台地的影响,床沙组成较细。

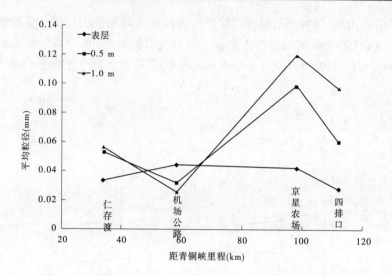

图 5-14　青石河段右岸不同取样深度床沙平均粒径沿程变化

右岸表层粒径 $d < 0.025$ mm 的细泥占全沙百分数沿程增大,由 47.0% 增大至 68.5%;粒径 0.025 mm $< d <$ 0.05 mm 及 $d > 0.05$ mm 的中、粗泥沙含量沿程减小,见图 5-15。

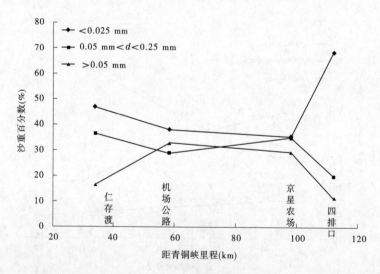

图 5-15　青石河段右岸表层不同粒径床沙占全沙比例沿程变化

3)左右岸对比分析

(1)平均粒径。由实测断面法冲淤量分析,青石河段多年平均淤积量为 0.084 亿 t,河道年平均淤积厚度为 1.0~2.0 cm。因此,仅分析表层床沙粒径的变化。表 5-6 为青石河段表层床沙左右岸的平均粒径及对比情况,左岸床沙表层平均粒径为 0.026 5 mm,右岸表层床沙平均粒径为 0.036 8 mm。各取样断面右岸床沙粒径均大于左岸。

表 5-6　青石河段表层床沙平均粒径　　　　　　　（单位:mm）

取样断面	左岸	右岸	右 - 左
QS11	0.030 2	0.033 5	0.003 3
QS18	0.031 4	0.044 1	0.012 7
QS26	0.023 2	0.042 3	0.019 1
QS29	0.021 1	0.027 4	0.006 3
平均	0.026 5	0.036 8	0.010 3

（2）粗、中、细沙重百分数沿程变化。表 5-7 为各取样断面左右岸床沙表层粒径 $d >$ 0.05 mm 粗沙、0.025 mm $< d <$ 0.05 mm 中沙及 $d <$ 0.025 mm 细沙占全沙的百分数。$d >$ 0.05 mm 的粗沙,右岸占全沙的比例均大于左岸,平均值多 11.0%;中沙、细沙为左岸所占比例大于右岸。

表 5-7　青石河段表层床沙不同粒径占全沙比例　　　　　（%）

取样断面	左岸			右岸			右 - 左		
	>0.05	0.05 ~ 0.025	<0.025	>0.05	0.05 ~ 0.025	<0.025	>0.05	0.05 ~ 0.025	<0.025
QS11	15.0	35.5	49.5	16.5	36.5	47.0	1.5	1.0	-2.5
QS18	13.0	45.0	42.0	33.0	29.0	38.0	20.0	-16.0	-4.0
QS26	10.0	22.5	67.5	29.5	35.0	35.0	19.5	12.5	-32.0
QS29	8.5	21.5	70.0	11.5	20.0	68.5	3.0	-1.5	-1.5
平均	11.6	31.1	57.3	22.6	30.1	47.3	11.0	-1.0	-10.0

从左右岸的床沙平均粒径及粗、中、细沙占全沙的百分比分析,右岸的平均粒径及粗沙占全沙的比例均大于左岸,右岸的河床边界条件相对于左岸稳定。

5.2.2.4　床沙组成对河势变化影响研究

1. 床沙组成对河势变化的影响

床沙组成对河势变化的影响主要取决于河道水流挟沙力(包括水流强弱)与来水含沙量的对应关系及泥沙颗粒的起动流速。床沙粒径的粗细将对河势产生影响。

（1）当来水含沙量大于水流挟沙力时。无论河床组成粗细,河道都将发生淤积;河势变化视河道的淤积程度而定,当主槽河床淤积高于支汊、串沟及滩地时,河势将发生变化;反之,河势则趋于稳定。

（2）当来水含沙量小于水流挟沙力时。①当床沙组成较粗时,河流的水动力条件不足以引起床沙的起动,河势稳定。②当河床由粗细不均的泥沙组成时,较细的床沙将起动,并被冲走;较粗的床沙不能起动,河势相对稳定。③当床沙组成较细时,床沙极易起动。在河道整治工程比较完善、河势控制比较好的河段,河势基本稳定,仅表现为河势的上提下挫;反之,则有可能引起河势的变化。

2. 床沙起动流速公式及局限性

床沙起动流速的计算采用《河流泥沙工程学》中较为常见的张瑞瑾泥沙起动流速公式,公式同时适用于散粒体及黏性细颗粒泥沙,公式形式如下:

$$U_c = \left(\frac{h}{d}\right)^{0.14}\left(17.6\frac{\gamma_s - \gamma}{\gamma}d + 0.000\,000\,605\frac{10 + h}{d^{0.72}}\right)^{\frac{1}{2}} \tag{5-1}$$

式中:h 为水深,m;d 为粒径,m;γ_s 为泥沙重度,N/m³;γ 为水重度,N/m³。

虽然中外科学工作者对泥沙起动流速的问题进行了大量的研究,但当前关于泥沙起动流速的绝大多数实测资料,都是在实验室中取得的,水深不超过 1.0 m;另外,粒径 0.1 mm < d < 10.0 mm 的资料较少。因此,在工程应用中存在不足。

因此,仅对滩地的泥沙颗粒进行起动流速的计算,分析滩地组成对河势变化的影响。当床沙起动流速小于水流流速时,床沙起动;反之,床沙稳定。采用起动流速计算公式(5-1)对青石河段各测验断面滩地表层的泥沙起动流速进行了计算,得到各断面平均粒径的起动流速见表 5-8。其中,滩地水深、流速等水力要素根据 1981 年实测洪水水流条件确定(青铜峡站实测洪峰流量为 5 870 m³/s)。

表 5-8　青石河段各断面滩地表层床沙起动流速计算结果

断面号	滩地岸别	平均粒径(mm)	水深(m)	起动流速(m/s)	滩地流速(m/s)
QS11	左岸	0.030	0.73	0.46	0.37
	右岸	0.034	0.30	0.38	0.20
QS18	左岸	0.031	0.66	0.44	0.39
QS26	左岸	0.023	0.83	0.53	0.79
QS29	右岸	0.027	0.43	0.44	0.46

从计算结果分析,滩地表层泥沙粒径范围为 0.020 ~ 0.079 mm,各取样断面滩地表层泥沙起动流速为 0.38 ~ 0.53 m/s。

3. 滩地床沙组成可能引起的河势变化

起动流速,仅能判别泥沙是否能起动;泥沙起动是河势变化的必要条件,但不是充分条件,是否能够引起河势变化,还要结合河床的边界条件来判断,如天然节点及河道整治工程建设等情况。

4. 滩地床沙组成对河势变化影响的探讨

引起河势较大的变化主要有两种情况,一是当主槽河床淤积高于支汊、串沟及滩地时,水流便转向较低的汊道分流,经过一场洪水(或较长时段),河势将发生变化;二是洪水时水流漫滩,一般滩地泥沙粒径小于主河槽,滩地对水流的控制作用减弱,滩地坍塌河势变化或在滩地冲出一条新的河槽,逐渐发展为主流。根据滩地的床沙测验成果,计算泥沙起动流速与滩地流速进行比较,判断泥沙是否起动,探讨滩地床沙组成对河势的影响。

1) 青石 QS11 断面

青石 QS11 断面左岸为仁存渡,是分汊型至过渡型的分界点,也是砂卵石与沙质河床的分界点,同时是天然节点,节点处河势多年稳定,取样位置及河势变化见图 5-16。

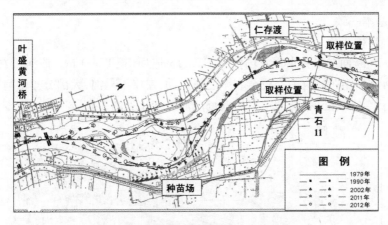

图 5-16　青石 QS11 断面附近历年河势变化

左、右岸滩地表层泥沙颗粒的起动流速分别为 0.46 m/s、0.38 m/s,对应的滩地水流流速分别为 0.37 m/s 和 0.20 m/s,滩地水流流速均小于起动流速,滩地稳定。

取样点上游 3.67 km 处建设有叶盛黄河大桥,大桥下游有两个较大的河心滩,河分为两汊,主汊在右岸,受右岸种苗场工程的影响河势走向依地形送溜至仁存渡。仁存渡为天然节点;根据历次河势变化分析,多年靠溜稳定,河势稳定;计算分析结果与实际情况比较吻合。

2）青石 QS18 断面

青石 QS18 断面右岸为无堤防河段,修建有机场高速公路,已修建了防护工程。取样点上游 5.67 km 处右岸修建浮桥 1 座,受浮桥及北滩工程送溜影响,河势右移居中,东升工程脱溜,河势依地形折向右岸。根据历次河势变化分析,取样点以下至灵武园艺场 11.8 km 的河道,河势多年靠右岸行进。取样位置及河势变化见图 5-17。

图 5-17　青石 QS18 断面附近历年河势变化

左岸滩地表层泥沙粒径为 0.031 mm,起动流速为 0.44 m/s,对应的滩地水流流速为 0.39 m/s,滩地水流流速小于起动流速,滩地稳定;左岸滩地愈深粒径愈大,滩面以下 1.0 m 粒径达 0.117 2 mm;右岸滩面相应深度的粒径为 0.025 3 mm。由于左岸滩地抗冲性强,临河堡至银川黄河公路大桥河段河势一直沿着右岸行进。现状河势变化与计算分析得到的结论基本一致。

3）青石 QS26 断面

青石 QS26 断面左岸为京星农场控导工程,13 道坝,长 1 500 m。该河段右岸为鄂尔多斯台地,河势多年在河道中心线至右岸之间摆动,左岸不靠河,大部分年份河势靠右岸,受地形影响行至山嘴处,将送溜至京星农场。河势变化见图 5-18。

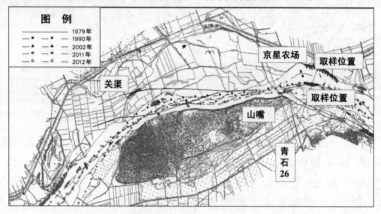

图 5-18　青石 QS26 断面附近历年河势变化

左岸滩地表层泥沙粒径为 0.023 mm,起动流速为 0.53 m/s,对应的滩地水流流速为 0.79 m/s,滩地水流流速大于起动流速,滩地易于冲刷。右岸表层泥沙粒径为 0.042 3 mm,表层以下 1.0 m 处的泥沙粒径为 0.120 3 mm,抗冲性强。

QS26 断面位于京星农场控导工程处,该河段心滩发育,由于左岸滩地泥沙组成颗粒较细,主槽泥沙易起动,当水流形成河湾时,滩地极易淘刷,右岸抗冲性强,由于左岸有京星农场控导工程控制,因此河势在工程至右岸之间摆动,河势变化较大。现状河势变化与计算分析得到的结论基本一致。

4）青石 QS29 断面

青石 QS29 断面左岸上游为四排口险工,是宁夏河段的重要防洪堤段。该河段为游荡型河道,河床宽浅、散乱,河势变化较大。据现场调研,每年汛期均抢险。河势变化见图 5-19。

取样断面主槽靠左岸四排口处,布设有险工;右岸为滩地。右岸滩地表层泥沙粒径为 0.027 mm,起动流速为 0.44 m/s,对应的滩地水流流速为 0.46 m/s,滩地水流流速大于起动流速,滩地易于冲刷。

左岸表层泥沙粒径为 0.021 1 mm,较右岸细,加之河势由下八顷送溜至左岸,流速较大,左岸泥沙更易起动,左岸滩地淘刷较右岸严重。根据历年河势变化分析,该河段河势变化较大,水流淘刷左岸严重,与计算分析得到的结论基本一致。

河势变化除与床沙组成有关外,还与来水来沙条件、河道比降、天然节点等有关。在黄河干流冲积性河段,分析床沙组成对河势变化的影响尚属首次,由于引起河势变化的因素很多,错综复杂,相互关联;河床组成仅是河势变化中的一个方面,其分析方法还有待于进一步完善。

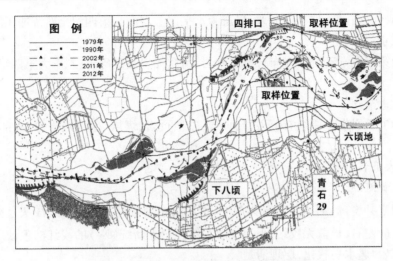

图 5-19　青石 QS29 断面附近历年河势变化

5.2.3　节点及作用

节点是某一河段中对水流起控制作用的岩体(天然节点)或建筑物(人工节点);它是一个固定的、呈凸向河中的抗冲物。天然节点包括天然山嘴、胶泥嘴等。人工节点包括控导、险工及桥梁等。节点有单向节点和双向节点,单向节点一岸为抗冲的岩体或建筑物,另一岸为易于冲刷的河滩,节点处主流收缩部分河势不稳定,其下河势摆幅依然较大;双向节点两岸均为抗冲的岩体或建筑物,节点处对水流控制较稳。

5.2.3.1　从地质条件划分

宁夏河段有 6 个天然节点,这些节点是在河流的长期演变中形成的,节点不仅控制河势的变化,而且对河床演变及河道治理的研究起着重要的作用。各节点位置及作用分述如下。

1. 黑山峡节点

两岸为中寒武统的变质长石砂岩夹千枚岩,其中黑山峡坝址区,距出口 2.0 km,两岸谷坡 33°~41°。坝区主要受东西纬向、北西向陇西系、北北西向河西系构造体系控制。

2. 中宁渠羊山—余丁节点

右岸为上泥盆中宁组,岩性为紫红色厚—中厚层中细粒长石石英砂岩、石英砂岩、钙质粉砂岩夹灰绿色薄层泥灰岩透镜体。左岸除部分为上泥盆中宁组外,还有下石炭统臭牛沟组细砾岩、粗粒、中—细粒石英砂岩、钙质粉砂岩及中新统红柳沟组灰红砾岩、黄灰白色石英砂岩。

3. 青铜峡节点

两岸为下奥陶统米钵山组,灰绿色中厚层状中细长石石英砂岩、石英砂岩,绿色浅蓝灰色水云母泥板岩,板岩、石灰岩、页岩等。主要构造线方向为北北东向两组,灰岩中岩溶发育,全强风化带厚 3.0~5.0 m,两岸地形不对称。

4. 银川横城节点

右岸为第三纪渐新统伊克布拉格组的浅橘黄色砂岩、粉砂质泥岩及砂砾岩,第三纪地层泥质胶结,强度较低,抗冲性能差,岩层为水平层。左岸为第四纪全新统冲积层。

5. 红墩子节点

右岸为第三纪渐新统伊克布拉格组砂岩、粉质泥岩及砂砾岩;左岸为第四纪全新统冲积层。

6. 石嘴山节点

两岸为上石炭统太原组石英砂岩、页岩、砂质页岩、煤层、生物灰岩等,浅部为强风化岩体。

5.2.3.2 人工节点

1. 中宁黄河桥

位于中宁县境内,河床地层分为两层,上层为全新统冲积层(Q_4^{al}),浅灰色卵石、砾石层,厚23.0 m左右,松散无胶结;下层主要为第三纪上新统(N_2)的浅红棕色砂质泥岩、泥质砂岩和泥岩,遇水易软化,层理清楚。

2. 青铜峡黄河桥

河床地层基本为两大层,上层为第四纪冲积层,岩性主要为卵石层,厚度在10.0～15.0 m,呈稍密、中密状态,卵石层以下,靠近青铜峡岸一侧,约230.0 m为一层,呈尖灭状的中—细沙层,密实状态。下层为第三纪中新统红柳沟地层,呈水平状态,以砂岩为主,中间夹有厚度不等的泥岩及砂质泥岩透镜体。岩层特点是岩相变化不大,含盐量高,胶结性差,易风化。

3. 叶盛堡黄河桥

地层岩性为第四纪冲积物。根据钻探资料,可分为三层,第一层为粉砂层,厚10.0 m,出露于1号、2号台和西墩;第二层为砂砾层,厚度在8.0～13.0 m,这一层普遍有出露,厚度变化不大,比较稳定;第三层为砾石层,以桥梁中心线为界,北部砾石稳定,没有夹层出露,南部砾石层夹有两层砂砾石薄层,厚度在1.0～1.5 m,砾石层是良好的天然地基,承载力高。

4. 银川黄河大桥

位于银川郊区及横城。地层分为两层,上层及靠近银川一侧为全新统冲积层(Q_4^{al}),岩性以砂土及含砾砂土为主,其中偶夹黏性土透镜体;靠近河东一侧,上层为全新统冲积层。

5. 石嘴山大桥

位于石嘴山大桥东郊渡口处,河床地层分为两层,上层为第四纪全新统冲积层,岩性为砂、砂砾石、砾石及少量黏土透镜体,厚度在0.5～6.3 m;下层以石炭统太原组的砂岩、页岩、泥岩层为主。岩性以硬质砂岩为主,浅部为强风化。

5.2.3.3 以河型划分

1. 分汊型河道节点

顺直分汊型河道的节点,在汊首、汊尾各有一对左右对持的节点;微弯型汊道节点是在汊道首尾部左右岸交错分布的条件下形成的。根据宁夏河道的实际情况,除上述两种节点外,还存在支流冲积扇、修建河道景观等,分汊型河道节点分布见表5-9。

表 5-9　宁夏河段节点类型及分布

分汊型		游荡型	
节点分类	节点位置	节点分类	节点位置
顺直型分汊	水车村首尾节点	一岸有依托，另一岸则是易于冲刷的滩地	仁存渡、冰沟、陶乐农场工程下首的山嘴、头道墩
微弯型分汊	永丰五队、跃进渠口、种苗场首尾节点	多年河势一直靠右岸行进	陶乐农场至头道墩，东大沟至银川黄河公路大桥（机场高速公路段）
支流冲积扇	阴洞梁沟上下游节点		
人造景观	倪滩节点		

2. 游荡型河道节点

游荡型河道的平面特征为河身顺直，在较长的河段内往往宽窄相间，在窄段，水流相对集中规顺，窄深段对游荡型河道的河势变化起着不可忽视的节制作用，称为节点。游荡型的节点具有两种不同的类型：一是两岸皆有依托，常年靠溜；二是一岸有依托，另一岸为易于冲刷的新滩。根据宁夏河段的具体情况，还存在受河床左右岸地质组成的差异，水流多年一直靠一岸行进的河段。游荡型河道节点分布见表 5-9。

在制订河道整治方案时，要以节点为控制，方案的拟订以不改变节点入出流的河势为原则。

5.2.4　地层构造变化及地球科氏力

在青石河段，由于河道流经的银川盆地两侧发生不等量的地壳上升运动，西侧贺兰山地强烈抬升，东侧鄂尔多斯台地上升幅度较小，盆地中心相对沉降，导致河道逐步东移。另外，受地球科氏力的影响，北半球的河流主流偏右，冲刷右岸，主流逐步东移。

5.2.5　已建河道整治工程

宁夏河道整治工程的平面布置形式可归纳为三大类：一是凸出型工程，其控导河势的作用随工程靠溜部位的不同而异；靠溜部位偏上，导溜作用强；着溜部位偏下，送溜强度减弱；若溜势下移到凸型顶点以下，多形成顺河。二是平顺型工程，其作用一般为约束水流，只限于保护滩地和堤防，无控导河势的作用。三是凹型工程，适应来溜的能力强，具有较好的控导河势的作用。

宁夏河段的整治是以防洪为目的，其整治目标是稳定主槽，减小河势摆动，保障堤防安全。根据《河道整治设计规范》（GB 50707—2011）及黄河多泥沙河流整治的成功经验，河道整治工程的布局，宜以坝护弯、以弯导流、保堤护滩。为有效控制河势，拟订适宜宁夏河段的整治方案，尽量采用控导河势作用的工程。

5.3　近期河势变化

5.3.1　典型年来水来沙特性分析

由于宁夏河段没有系统的河势查勘及实测大断面资料,为分析来水来沙对河势的影响,主要分析1986年龙刘水库联合调度运用对宁夏河段河势变化的影响,重点分析与河势观测资料对应的1990年、2002年、2011年和2012年汛期的来水来沙、不同流量级的水沙量及流量过程。

5.3.1.1　典型年汛期来水来沙量

1986~2012年汛期多年平均水量为108.1亿 m³,从典型年的来水量分析,除2002年汛期的水量略小于多年平均值外,其余年份均大于多年平均值,特别是2012年汛期水量达200.7亿 m³;对塑造中水河槽起着至关重要的作用,典型年汛期水沙特征值见表5-10。

表5-10　下河沿断面典型年汛期水沙特征值

年份	水量(亿 m³)	平均流量(m³/s)	沙量(亿 t)	含沙量(kg/m³)
1990 年	156.7	1 470	0.363	2.3
2002 年	96.6	910	0.091	0.9
2011 年	110.6	1 040	0.200	0.2
2012 年	200.7	1 890	0.581	2.9
2002 ~ 2011 年平均	106.5	1 002	0.300	2.8
1986 ~ 2012 年平均	108.1	1 020	0.504	4.7

1986~2012年汛期多年平均沙量为0.504亿 t,从典型年的来沙量分析,除2012年的汛期沙量略大于平均值外,其余年份均小于多年平均值;但从含沙量分析,均小于多年平均值,最大含沙量为2012年的2.9 kg/m³。

5.3.1.2　汛期不同流量级特性

从典型年汛期大于某一流量级出现的天数分析,仅2012年汛期出现了大于2 000 m³/s 流量的天数为43 d;其余年份汛期流量均没有超过2 000 m³/s。1990年、2002年和2011年汛期流量大于1 000 m³/s 的天数分别为54 d、24 d和69 d,其平均流量分别为1 150 m³/s、1 080 m³/s和1 170 m³/s,见表5-11。

表5-11　下河沿断面典型年汛期大于某一流量级水沙特征值

年份	流量级(m³/s)	天数(d)	平均流量(m³/s)	含沙量(kg/m³)
	>1 000	54	1 150	6.1
1990	>2 000			
	>3 000			

续表 5-11

年份	流量级（m³/s）	天数（d）	平均流量（m³/s）	含沙量（kg/m³）
2002	>1 000	24	1 080	1.6
	>2 000			
	>3 000			
2011	>1 000	69	1 170	1.5
	>2 000			
	>3 000			
2012	>1 000	122	1 890	2.9
	>2 000	43	2 660	4.2
	>3 000	10	3 170	3.4

5.3.1.3　水沙过程

图 5-20 为典型年汛期逐日过程线,2012 年洪水期间下河沿水文站流量大于 2 000 m³/s 以上的天数达 43 d;大于 2 500 m³/s 以上的天数为 28 d。中水流量持续时间长,是近 20 年来所没有的,对塑造中水河槽、稳定河势起着决定性的作用。

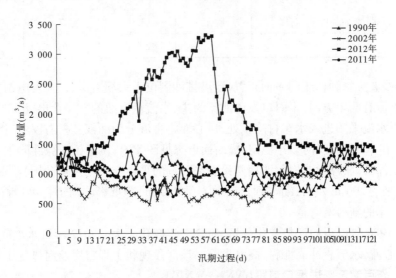

图 5-20　下河沿断面典型年汛期逐日过程线

1990 年汛期最大日均流量为 1 390 m³/s,峰值出现在汛初;2002 年汛期最大日均流量为 1 140 m³/s,峰值不明显;2011 年最大日均流量为 1 470 m³/s,峰值出现在汛中。

根据典型年不同流量级的出现天数及年来水量,重点分析 1986 年以后,2002 年小水、2011 年中水和 2012 年中大水的河势。

5.3.2 沙坡头坝下至仁存渡河段河势变化

该河段为分汊型,经多年的微弯型整治,在整治效果较好的沙坡头坝下至枣林湾、青铜峡坝下至梅家湾河段,河势已趋于稳定。在缺乏工程布点及分汊散乱的河段,河势变化主要表现为心滩交替变化,主支汊兴衰消长,主流顶冲河湾,冲塌河岸,河势不稳。

2012 年洪水期间,在微弯型整治流路较好的河段,由于部分工程布置较短,河势下挫,滩地坍塌严重,水流冲刷堤防(新墩、凯歌湾、石空湾等)。由于平滩流量动能较大,在心滩土质较差的地方切割心滩(张滩、跃进渠口)。在未进行微弯型整治河段,水流顺堤行洪,冲刷堤防(李家庄、张滩、红柳滩等)。

5.3.2.1 沙坡头坝下至新弓湾河段(WN1—WN3)

该河段长 7.07 km,现状工程 4 处,左岸有李家庄险工和新弓湾控导工程,右岸为水车村、张滩险工。工程长 2 670 m、坝垛 41 处,现状工程统计见表 5-12。

表 5-12 沙坡头坝下至新弓湾河段现状工程统计结果

序号	工程名称	岸别	工程性质	长度(m)	坝垛(处)	修建时间
1	李家庄	左岸	险工	1 000	15	1998 年以前
2	新弓湾	左岸	控导	950	18	1998 ~ 2002 年
3	水车村	右岸	险工	400	1	1998 年以前
4	张滩	右岸	险工	320	7	1998 年以前
合计				2 670	41	

根据沙坡头水利枢纽的平面布置,泄洪排沙洞位于大坝右岸,径流发电洞位于大坝左岸,水库出流有两个方向,平时以发电泄流为主,水流从枢纽的左岸泄出,沿左岸下行逐渐转向右岸,水流平顺进入水车村险工处,河心滩将主流分为两汊,左、右汊的过流比例分别为 30.0% 和 70.0%,汊河多年稳定,横断面形态见图 5-21;两股河于张滩险工下首合为一股,下行至浮桥处;浮桥左岸的滩地建设有采砂场的采砂弃料场及堆砂场,严重侵占河道,河道由原来的 200 m 左右,缩窄到目前的不足 100 m,严重影响河道行洪;水流通过浮桥后,折向左岸的新弓湾弯道。

根据 1986 年以后的河势变化分析,河势多年变化不大。2012 年洪水期间,张滩前水流切割河心滩,水流直冲高滩村,高滩出险。该河段现状工程布置及河势变化见图 5-22。

5.3.2.2 新弓湾至跃进渠口河段(WN3—WN10)

该河段长 19.69 km,现状工程 13 处。左岸 7 处,分别为城郊西园、双桥、杨家湖、冯庄、跃进渠口、李嘴控导工程和新墩险工;右岸 6 处,分别为大板湾、刘湾八队－申滩、永丰五队控导工程和枣林湾、倪滩、七星渠口险工。工程长 22 155.7 m,占河道长度的 101.2%;坝垛 209 处。现状工程统计见表 5-13。

1. 新弓湾至双桥河段(WN3—WN6)

新弓湾控导工程前有一河心滩,主汊走新弓湾弯道,工程靠溜较好,河出新弓湾后主流归一,主流下行右移,进入枣林湾,河势多年稳定。

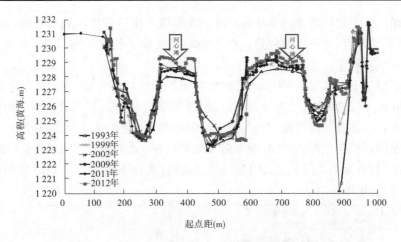

图 5-21　沙坡头坝下至新弓湾河段分汊型河段卫宁 2 断面

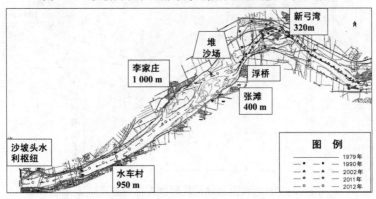

图 5-22　沙坡头坝下至新弓湾河段现状工程布置及河势变化

表 5-13　新弓湾至跃进渠口河段现状工程统计结果

序号	工程名称	岸别	工程性质	长度(m)	坝垛(处)	修建时间
1	城郊西园	左岸	控导	660	8	1998 年以前
2	新墩	左岸	险工	2 105	22	1998 年以前
3	双桥	左岸	控导	1 600	9	1998 年以前
4	杨家湖(莫楼、夹渠)	左岸	控导	1 359.7	6	1998 年以前
5	冯庄(新庙)	左岸	控导	2 154.5	25	1998 年以前
6	跃进渠口	左岸	控导	1 613	20	2008 ~ 2012 年
7	李嘴	左岸	控导	1 160	15	1998 年以前
8	大板湾(取消)	右岸	控导	260	3	1998 年以前
9	枣林湾(寿渠)	右岸	险工	2 200.5	9	1998 年以前
10	倪滩	右岸	险工	3 451	32	1998 年以前
11	七星渠口	右岸	险工	2 322	21	1998 年以前
12	刘湾八队 – 申滩	右岸	控导	1 035	11	1998 年以前
13	永丰五队	右岸	控导	2 235	28	1998 年以前
	合计			22 155.7	209	

枣林湾险工下游有粉石沟、崾岘子沟汇入,支沟挟带大量的泥沙堆积在河道的右岸。1997 年山洪爆发,支沟挟带大量的泥沙涌入黄河干流,洪水洪峰流量为 400 m³/s 左右,导

致对岸新墩险工上首堤防冲垮 330 m。由于受嵝岘子山洪沟堆积物的影响,河出枣林湾后,送溜至新墩弯道,弯道靠溜较好。由于新墩现状险工长度不够,2012 年河势期间,工程尾部坐弯塌滩严重。

在新墩险工下游左岸 1 300 m 处,2005 年滩地修建河心公园一处,宽 300 ~ 400 m、最宽处达 700 m,长 2 230 m,严重侵占河道,河道缩窄至 170 m,影响城市河段的防洪安全。河心公园开挖的部分湖面及修建的河湖之间的小路,已侵占到治导线的范围,见图 5-23。受河心滩及河心公园地形的影响,倪滩险工靠溜较好。在倪滩险工处,修建有中卫黄河大桥,主流在大桥右岸第 2 跨通过,2012 年洪水期间,大桥下游右岸滩地坍塌严重,而后送溜至双桥弯道,见图 5-24。

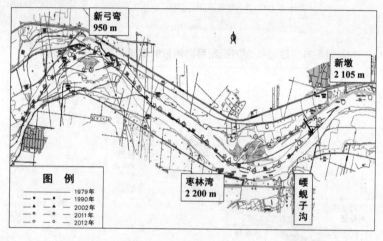

图 5-23　新弓湾至新墩河段现状工程布置及河势变化

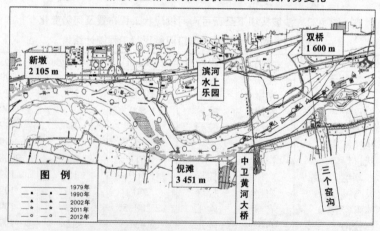

图 5-24　新墩至双桥河段现状工程布置及河势变化

该河段的治理依据《九五可研》规划进行了工程布点,根据 1986 年以后的河势分析,河势比较稳定,基本上沿着规划的治导线行进,仅表现为弯道河势的上提下挫。2012 年洪水期间,在工程布置比较短的新墩、倪滩及双桥弯道,河势下挫、坐弯坍塌严重,威胁堤防安全。

2. 双桥至跃进渠口河段(WN6—WN10)

双桥控导工程下游滩地,有采砂场的堆砂场及弃土,严重侵占河道,加之右岸三个窑沟的顶托,迫使主流下行至右岸的七星渠口弯道。由于双桥控导工程至七星渠口河段长仅 1 400 m,主流顶冲引水口,引水口上下游均已修建了防冲工程。近年来,流量较小,河势上提,导致渠道进水口上游水流顶冲加剧,主流距堤防仅 60 m,修建的护岸年年被淘刷,严重威胁堤防安全。

七星渠口下游受右岸阴洞梁沟冲积物及局部地形的影响,河出七星渠工程后,依地形走向,送溜至杨家湖弯道。

杨家湖控导工程靠溜较好,但工程送溜能力较弱,河出杨家湖控导工程后,受左岸滩地鱼塘的控制,河势下行右移,进入刘湾八队弯道。刘湾八队河势下挫,有近 700 m 堤防临河受冲。2008 年已造成近 60 m 堤防塌坡出险,堤宽仅剩 1.0 m 左右。刘弯八队弯道出口仅修建一处垂直丁坝,河势主汊依然沿着右岸下行至永丰五队,永丰五队送溜至跃进渠口。

该河段治理依据《九五可研》进行了工程布点,根据 1986 年以后的河势分析,河道汊流较多,但主汊流路和规划治导线基本吻合,现状工程布置及历次河势变化见图 5-25、图 5-26。2012 年河势基本稳定,仅跃进渠口河势发生了较大的变化。2003 年为提高跃进渠的引水保证率,引渠前修建一道潜坝,2012 年汛前封堵右汊,将主流送至对岸的跃进渠口,2012 年洪峰流量较大,主流靠左岸,潜坝的导流作用,将河心滩冲开约 200 m 宽,水流分为两股,跃进渠口河段河势变化较大,见图 5-26。

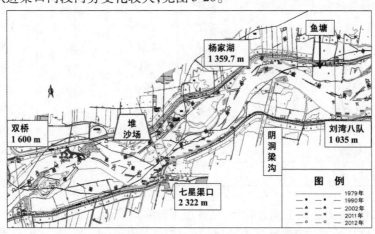

图 5-25　双桥至刘湾八队河段现状工程布置及河势变化

5.3.2.3　跃进渠口至黄羊湾河段(WN10—WN15)

该河段长 16.46 km,现状工程 11 处。左岸有 6 处,分别为跃进渠口、福堂、凯歌湾、黄羊湾控导工程和跃进渠退水、郭庄险工;右岸 5 处,分别为沙石滩、何营、旧营、马滩控导工程和许庄险工。工程长 11 731 m、坝垛 164 处。现状工程统计见表 5-14。

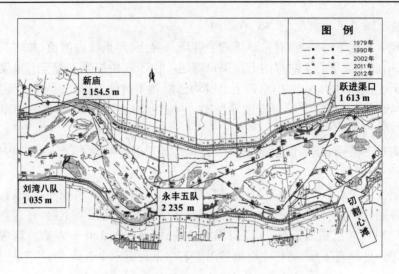

图 5-26　刘湾八队至跃进渠口河段现状工程布置及河势变化

表 5-14　跃进渠口至黄羊湾河段现状工程统计结果

序号	工程名称	岸别	工程性质	长度(m)	坝垛(处)	修建时间
1	跃进渠口	左岸	控导	1 613	20	2008~2012 年
2	跃进退水	左岸	险工	1 000	21	1998 年以前
3	福堂(河沟)	左岸	控导	620	6	1998 年以前
4	凯歌湾(胜金)	左岸	控导	820	12	1998 年以前
5	郭庄(永兴)	左岸	险工	1 400	19	1998 年以前
6	黄羊湾	左岸	控导	2 103	20	1998 年以前
7	许庄	右岸	险工	700	14	1998 年以前
8	沙石滩	右岸	控导	500	10	1998 年以前
9	何营(赵滩)	右岸	控导	435	4	1998 年以前
10	旧营	右岸	控导	1 560	21	1998 年以前
11	马滩	右岸	控导	980	17	1998 年以前
	合计			11 731	164	

　　跃进渠口弯道无送溜工程,两股河在许庄下游右岸合为一股。从 1986 年以来的河势变化分析,自许庄险工以下,河分为两汊,其主汊一直沿着右岸行进至旧营,河势居中偏右,在一定范围内摆动,横断面变化见图 5-27;受地形影响,河势自旧营控导工程折向左岸的郭庄险工,马滩控导工程前及下游有 2 个河心滩,将河分为两汊,左岸为主汊。旧营至黄羊湾为非稳定汊河,河势变化不定。2012 年洪水期间河势无大的变化,主要表现为主汊弯道冲刷堤防,该河段现状工程布置及河势变化见图 5-28、图 5-29。

5.3.2.4　黄羊湾至田滩河段(WN15—WN18)

　　该河段长 7.515 km,现状工程 4 处。左岸有 2 处,分别为黄羊湾、金沙沟控导工程;右岸 2 处,分别为泉眼山、田滩控导工程。工程长 6 812 m、坝垛 88 处。现状工程统计见

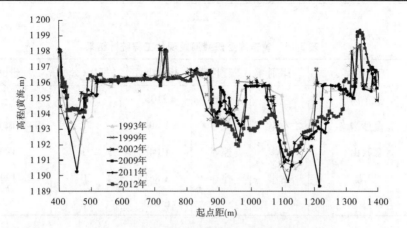

图 5-27　跃进渠口至黄羊湾河段 WN13 断面

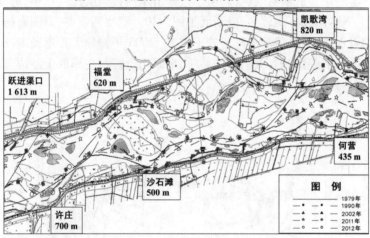

图 5-28　跃进渠口至何营河段现状工程布置及河势变化

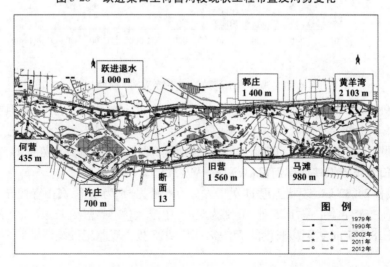

图 5-29　何营至黄羊湾河段现状工程布置及河势变化

表 5-15。

表 5-15　黄羊湾至田滩河段现状工程统计结果

序号	工程名称	岸别	工程性质	长度(m)	坝垛(处)	建设时间
1	黄羊湾	左岸	控导	2103	20	1998 ~ 2002 年
2	金沙沟	左岸	控导	1 800	27	1998 年以前为险工
3	泉眼山	右岸	控导	1 048	21	1998 年
4	田滩	右岸	控导	1 861	20	1998 年
	合计			6 812	88	

　　黄羊湾下游右岸为清水河入黄口,由于近期清水河挟带的泥沙较多,造成入黄口以上壅水,入汇口上下游形成心滩较多,横断面见图 5-30。清水河下游,有固海扬水工程,为保障固海扬水的引水,在主汊黄羊湾弯道的下游,于 2003 年修建了几道锁坝,提高了引水保证率。泉眼山工程下游修建有太中银铁路桥,泉眼山送溜至左岸的金沙沟弯道,弯道工程布置较少,送溜不力,田滩弯道河势下挫。

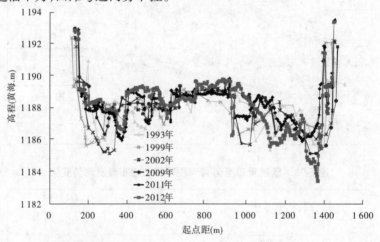

图 5-30　清水河入汇口下游 WN15 断面

　　根据 1986 年以来的河势分析,该河段工程布点较好,虽然为分汊型河段,但主汊流路与治导线较吻合,河势主要表现为主汊冲刷堤防。从 2012 年的河势变化分析,与历次河势变化不大,泉眼山弯道洪水期间河势下挫严重。该河段现状工程布置及河势见图 5-31。

5.3.2.5　田滩至青铜峡库尾河段(WN18—WN24)

　　该河段长 24.32 km,现状工程 11 处。左岸有 6 处,分别为太平、高山寺控导工程和石空湾、倪丁、黄庄、董庄险工;右岸 5 处,分别为康滩、中宁大桥、营盘滩、长家滩、红柳滩控导工程。工程长 18 955 m,占河段长度的 77.9%;坝垛 193 处。现状工程统计见表 5-16。

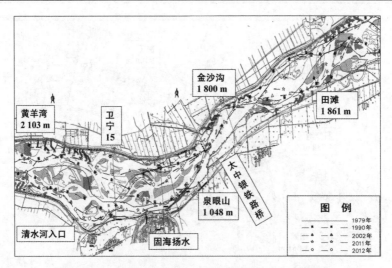

图 5-31　黄羊湾至田滩河段现状工程布置及河势变化

表 5-16　田滩至青铜峡库尾河段现状工程统计结果

序号	工程名称	岸别	工程性质	长度（m）	坝垛（处）	修建时间
1	石空湾（张台）	左岸	险工	1 530	20	2008～2012 年
2	倪丁（北营）	左岸	险工	1 100	15	1998 年以前
3	太平	左岸	控导	1 360	17	1998～2002 年
4	黄庄	左岸	险工	1 420	16	1998～2002 年
5	董庄（陆庄、童庄）	左岸	险工	2 960	26	1998 年以前
6	高山寺	左岸	控导	1 350	18	1998 年以前
7	康滩	右岸	控导	1 775	20	1998 年以前
8	中宁大桥	右岸	控导	700	7	1998 年以前
9	营盘滩	右岸	控导	2 200	10	1998 年以前
10	长家滩	右岸	控导	2 500	15	1998 年以前
11	红柳滩	右岸	控导	2 060	29	1998 年以前
	合计			18 955	193	

1. 田滩至倪丁河段

根据 1986 年以来历次河势变化分析，主汊流路为田滩→石空湾→康滩→倪丁，该河段末端建设有中宁黄河公路桥，桥上游右岸滩地建设有中宁枸杞交易中心（黄河楼），严重侵占河道，新建堤防距左岸仅 740 m，受地形的影响，河势左移至倪丁工程。2012 年洪水期间石空湾河势下挫严重，水边距堤防不足 30 m。该河段现状工程布置及河势见图 5-32。

2. 倪丁至青铜峡库尾河段

该河段受青铜峡库区尾部淤积的影响，由于侵蚀基准面升高，河道比降较缓。河道宽浅、沙洲密布、水流分汊散乱，河势、河心滩变化不定，无固定流路，水流不断淘刷堤防，威胁堤防安全。该河段现状工程布置及河势分别见图 5-33、图 5-34。

5.3.2.6　青铜峡坝下至梅家湾河段（QS1—QS5）

该河段长 14.10 km，现状工程 6 处。左岸 3 处，分别为王老滩、犁铧尖、侯娃子滩控

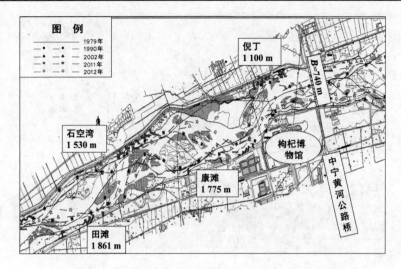

图 5-32　田滩至倪丁河段现状工程布置及河势变化

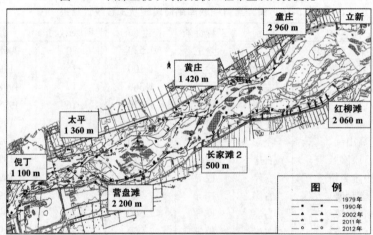

图 5-33　倪丁至立新河段现状工程布置及河势变化

图 5-34　立新至青铜峡库尾河段现状工程布置及河势变化

导工程;右岸 3 处,分别为梅家湾控导工程和细腰子拜、蔡家河口险工。工程长 7 432 m、坝垛 84 处。现状工程统计见表 5-17。

表 5-17　青铜峡坝下至梅家湾河段现状工程统计结果

序号	工程名称	岸别	工程性质	长度(m)	坝垛(处)	修建时间
1	王老滩	左岸	控导	1 177	10	1998 ~ 2002 年
2	犁铧尖	左岸	控导	400	4	1998 年以前
3	侯娃子滩	左岸	控导	1 215	14	1998 年以前
4	细腰子拜	右岸	险工	1 916	17	1998 年以前
5	蔡家河口(河管所)	右岸	险工	767	15	1998 年以前
6	梅家湾(秦坝关)	右岸	控导	1 957	24	1998 年以前
	合计			7 432	84	

　　青铜峡水库的溢流坝位于左岸,河出青铜峡后,沿着左岸下行至王老滩控导工程,穿过青铜峡黄河大桥,入细腰子拜弯道,工程靠溜较好;河出工程后,主流下行左移,进入犁铧尖弯道,由于犁铧尖现状控导工程较短,工程下首河湾已左移至原规划治导线外侧约 100 m,河势下挫坐弯严重。该工程上游约 600 m 处新建公路桥正在施工,为防止河岸淘刷,犁铧尖控导作为大桥补偿工程,2011 年正在施工,已修建 3 道坝,对水流的淘刷起到了一定的控制作用。河出犁铧尖弯道后,受地形的限制,主流下行至右岸进入蔡家河口险工弯道,蔡家河口→侯娃子滩→梅家湾流路稳定。

　　该河段经过多年的微弯型整治,效果较好,根据 1986 年以来的河势变化分析,河势基本上沿着规划的治导线行进,2012 年洪水期间河势变化仅表现为湾顶的上提下挫,微弯型河湾已形成,见图 5-35;2012 年洪水期间,由于犁铧尖弯道工程长度较短,河势下挫严重。该河段现状工程布置及河势变化见图 5-36。

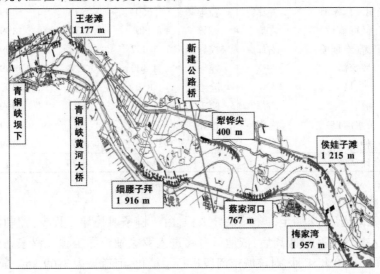

图 5-35　青铜峡坝下至梅家湾河段现状流路

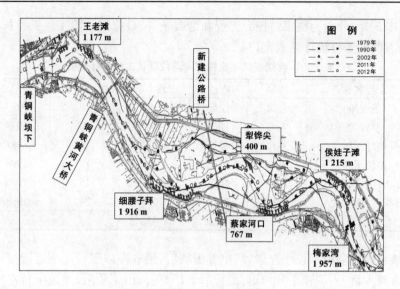

图 5-36　青铜峡坝下至梅家湾河段现状工程布置及河势变化

5.3.2.7　梅家湾至种苗场(仁存渡)河段(QS5—QS11)

该河段长 21.189 km,现状工程 10 处。左岸有 4 处,分别为柳条滩、陈袁滩、光明 - 杨家滩和唐滩控导工程;右岸 6 处,分别为梅家湾、罗家湖、苦水河口、种苗场控导工程和古城、华三险工。工程长 14 480.1 m、坝垛 179 处。现状工程统计见表 5-18。

表 5-18　梅家湾至种苗场(仁存渡)河段现状工程统计结果

序号	工程名称	岸别	工程性质	长度(m)	坝垛(处)	修建时间
1	柳条滩	左岸	控导	2 087.9	7	1998 年以前
2	陈袁滩	左岸	控导	1 237	11	1998 年以前
3	光明 - 杨家滩	左岸	控导	650	13	1998 年以前
4	唐滩(叶盛桥)	左岸	控导	440	10	1998 年以前
5	梅家湾(秦坝关)	右岸	控导	1 957	24	1998 年以前
6	罗家湖	右岸	控导	1 400	27	1998 年以前
7	古城	右岸	险工	850	19	1998 年以前
8	华三	右岸	险工	1 459	22	1998 年以前
9	苦水河口	右岸	控导	580	21	1998 年以前
10	种苗场	右岸	控导	3 819.2	25	1998 年以前
	合计			14 480.1	179	

1. 梅家湾至古城河段

河出梅家湾道后,送溜至柳条滩控导工程,由于柳条滩控导工程少,控制河势能力较弱。河势沿左岸下行一定距离后,依地形右移进入罗家湖控导工程。罗家湖至古城河段为吴忠城市段,2010 年 4 月,对该城市河段进行了渠化,河道长为 7.69 km。河道渠化后,河势已趋于稳定,见图 5-37。

2. 古城至种苗场(仁存渡)河段

古城为吴忠城区段的出口,河势多年稳定。古城至种苗场河段区间有大古铁路桥和

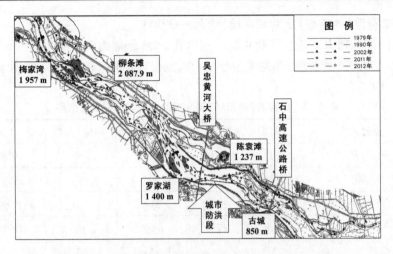

图 5-37　梅家湾至古城河段现状工程布置及河势变化

叶盛黄河桥,大桥对河势的控制作用较强。

　　根据 1986 年以来的河势变化分析,古城主汊多年一直沿着右岸行进至大古铁路桥,大古铁路桥下游为一河心滩,河分为两汊,右岸有苦水河汇入,主汊在左岸两股汊河于叶盛黄河桥上游合为一股。叶盛黄河桥以下流路稳定。由于该河段工程布点较少,2012 年洪水期间,叶盛桥以上河势基本居中下行,桥下游河分为两汊、流路稳定。该河段现状工程布置及河势变化见图 5-38。

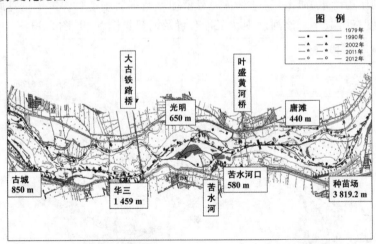

图 5-38　古城至种苗场河段现状工程布置及河势变化

5.3.3　仁存渡至头道墩河势变化

　　该河段为过渡型河段,仁存渡为过渡段的起点,同时是砂卵石与沙质河床的分界点,为天然节点。原规划控导工程 35 处,实际仅实施了 11 处。由于工程布点少,仅有个别工程靠河,控制河势的能力较弱,河势大多依地形下行变化不定。但局部河段的河势摆幅得到了控制。

5.3.3.1 仁存渡(种苗场)至北滩河段(QS11—QS15)

该河段长 23.18 km,现状工程 4 处。左岸有 2 处,分别为南方和东河控导工程;右岸 2 处,分别为仁存渡(种苗场)和北滩控导工程。工程长 8 626.2 m、坝垛 63 处。现状工程统计见表 5-19。

表 5-19　仁存渡(种苗场)至北滩河段现状工程统计结果

序号	工程名称	岸别	工程性质	长度(m)	坝垛(处)	修建时间
1	南方	左岸	控导	2 627	19	1998 年以前
2	东河	左岸	控导	290	3	1998 年以前
3	仁存渡(种苗场)	右岸	控导	3 819.2	25	1998 年以前
4	北滩	右岸	控导	1 890	16	1998 年以前
	合计			8 626.2	63	

种苗场控导工程多年主汊靠溜较好,仁存渡、北滩为节点,由于规划工程没有实施,节点间河势依地形自由摆动。根据 1986 年以后的河势分析,河出仁存渡弯道后,依地形居中下行,沙坝头弯道不靠河,河势直驱南方控导工程尾部,由太中银铁路桥在中部送溜至东河控导工程,仁存渡至太中银铁路桥河势散乱,河势摆幅较大,主汊摆幅达 1 000 m 左右;东河以下河势基本沿着左岸行进。2012 年洪水期间,仁存渡为天然节点,未布置工程,水流淘刷岸边严重,河出仁存渡后,河势依地形基本居中下行。太中银铁路桥至北滩,河势摆动幅度有所减小。该河段现状工程布置及河势见图 5-39、图 5-40。

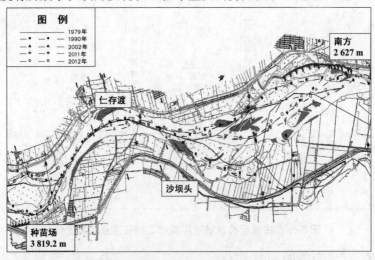

图 5-39　仁存渡至南方河段现状工程布置及河势变化

5.3.3.2 北滩至冰沟河段(QS15—QS22)

该河段长 25.545 km,现状工程 3 处。左岸有 1 处,为东升控导工程;右岸 2 处,为北滩和金水控导工程。工程长 4 824 m、坝垛 47 处。现状工程统计见表 5-20。该河段工程较少,仅布置 3 处,占河段长度的 18.9%,对河势基本没有控制作用。

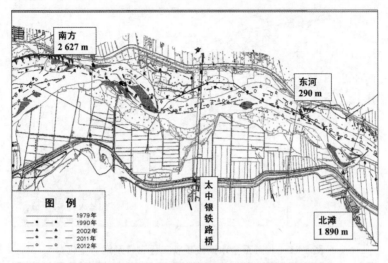

图5-40 南方至北滩河段现状工程布置及河势变化

表5-20 北滩至冰沟河段现状工程统计

序号	工程名称	岸别	工程性质	长度(m)	坝垛(处)	修建时间
1	东升	左岸	控导	1 464	19	1998 年以前
2	北滩	右岸	控导	1 890	16	1998 年以前
3	金水	右岸	控导	1 470	12	1998～2002 年
合计				4 824	47	

北滩工程末端建设有浮桥,受浮桥卡口出流的影响,河势偏左,而后折向右岸临河堡,河势居中偏右,河势在一定范围内摆动;临河堡至银川黄河公路大桥河段,河势一直沿着右岸行进,该河段修建了机场高速公路,并修建了护岸工程,长约2 000 m。金水至冰沟河段,河出银川黄河公路大桥后至金水控导工程,受地形影响河势稍偏左,而后折向灵武园艺场,河势居中偏右;灵武园艺场至冰沟多年来河势一直沿着右岸行进,河势稳定。

1986 年以后,历次河势与 2012 年洪水期间河势基本一致,河势变化不大。该河段现状工程布置及河势分别见图 5-41、图 5-42。

5.3.3.3 冰沟至头道墩河段(QS22—QS27)

该河段长 24.915 km,现状工程 5 处。左岸有 4 处,为通贵、七一沟、关渠、京星农场控导工程;右岸 1 处,为头道墩险工。工程长 4 526 m、坝垛 58 处。现状工程统计见表 5-21。

表5-21 冰沟至头道墩河段现状工程统计

序号	工程名称	岸别	工程性质	长度(m)	坝垛(处)	修建时间
1	通贵	左岸	控导	1 170	12	1998～2002 年
2	七一沟	左岸	控导	60	1	1998 年以前
3	关渠	左岸	控导	556	6	2002～2008 年
4	京星农场	左岸	控导	1 370	13	1998 年以前
5	头道墩	右岸	险工	1 370	26	1998 年以前
合计				4 526	58	

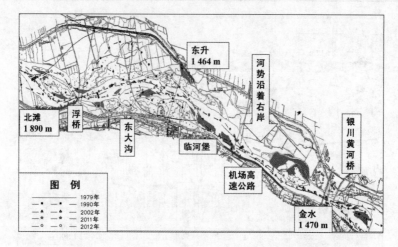

图 5-41　北滩至金水河段现状工程布置及河势变化

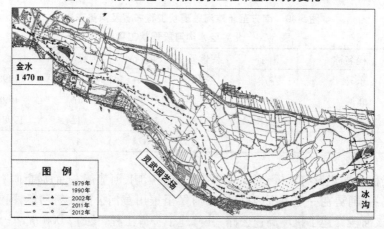

图 5-42　金水至冰沟河段现状工程布置及河势变化

冰沟为天然节点,送溜至通贵弯道,而后送溜于陶灵公路规划弯道;陶灵公路以下河势依地形下行至关渠;关渠至头道墩河段河势多年沿着右岸下行,多年河势稳定。

根据 1986 年以来历次河势变化分析,通贵至关渠河势散乱,陶灵公路下游为高滩,受地形影响,河势稍左移,而后沿着右岸一直行进至头道墩弯道。2012 年洪水期间,基本上沿着 1986 年以前的河势行进。该河段现状工程布置及河势见图 5-43、图 5-44。

5.3.4　头道墩至石嘴山大桥河段河势变化

该河段为游荡型河道,河床宽浅、沙洲密布、汊道交织、主流摆动不定。该河段右岸为无堤防河段,河道受鄂尔多斯台地控制,形成若干处节点。平面上出现多处河湾,心滩较少,边滩发育;左岸为堤防。其河床演变主要表现为单向侧蚀,主流摆动较大。抗冲能力弱的一岸,主溜坐弯时,常造成滩岸坍塌,出现险情。

5.3.4.1　头道墩至六顷地河段(QS27—QS30)

该河段长 13.355 km,现状工程 4 处。左岸 1 处,为四排口控导工程;右岸 3 处,分别为头道墩、下八顷和六顷地险工。工程长 8 245.1 m、坝垛 93 处。现状工程统计见表 5-22。

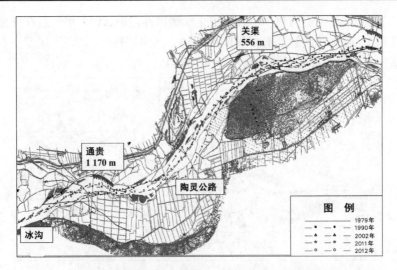

图 5-43　冰沟至关渠河段现状工程布置及河势变化

图 5-44　关渠至头道墩河段现状工程布置及河势变化

表 5-22　头道墩至六顷地河段现状工程统计

序号	工程名称	岸别	工程性质	长度（m）	坝垛（处）	修建时间
1	四排口	左岸	控导	2 901	23	1998~2002 年
2	头道墩	右岸	险工	1 370	26	1998~2002 年
3	下八顷	右岸	险工	1 577.1	24	1998 年以前
4	六顷地	右岸	险工	2 397	20	1998 年以前
	合计			8 245.1	93	

　　从 1986 年以后的河势图分析，头道墩至下八顷河势多年基本沿着右岸行进。下八顷仅 2002 年河势入湾，多数年份河不入湾；河势受局部地形的影响，下八顷至四排口为南北斜河，送溜至四排口控导工程，河势散乱多变，四排口控导工程经常出险，是宁夏河段的重点防守工程。

　　2012 年洪水期间，下八顷弯道下游的山嘴靠溜，送溜至四排口控导工程，河势下挫，冲塌坝头,工程下首河距堤防仅70 m,为防止水溜顶冲堤防,2012年汛后在滩地河中进占又修建了几道丁坝,暂时缓解溜势对堤防的威胁。河出四排口弯道后,送溜至右岸的六顷地弯道。该河段现状工程布置及河势变化见图5-45。

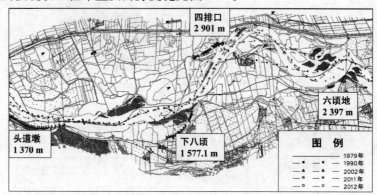

图5-45　头道墩至六顷地河段现状工程布置及河势变化

5.3.4.2　六顷地至邵家桥河段(QS30—QS33)

该河段长27.95 km,现状工程2处。左岸1处,为五香支沟;右岸2处,分别为六顷地、东来点险工。工程长3 800 m、坝垛39处。现状工程统计见表5-23。

表5-23　六顷地至邵家桥河段现状工程统计

序号	工程名称	岸别	工程性质	长度(m)	坝垛(处)	修建时间
1	六顷地	右岸	险工	2 397	20	1998年以前
2	五香支沟	左岸	控导	960	9	1998~2012年
3	东来点	右岸	险工	1 403	19	1998年以前
	合计			3 800	39	

从1986年以来,由于四排口弯道河势未得到有效控制,六顷地主汊河势靠右岸,河势散乱。2012年洪水期间,六顷地险工靠溜,由于工程较短,送溜不力,河势在着溜点处折向左岸,受局部河心滩的影响,水流顶冲东来点下游的金沙窝滩地,滩地坍塌严重,威胁村庄安全。2012年洪水期间为减缓洪水对东来点滩地的威胁,对东来点河滩实施了开挖引河的分流措施,汛后开挖的引河现已演变为主流。

东来点险工位于平罗黄河大桥的右岸,工程为平顺护岸,东来点至黄土梁扬水河势沿着右岸行进至黄土梁扬水,受地形影响,送溜至邵家桥弯道。2012年洪水期间河势与1986年基本一致。该河段现状工程布置及河势变化见图5-46、图5-47。

5.3.4.3　邵家桥至礼和河段(QS33—QS38)

该河段长19.73 km,现状工程5处。左岸2处,分别为统一、礼和控导工程;右岸3处,分别为北崖、三棵柳、红崖子扬水险工。工程长6 537.63 m、坝垛50处。现状工程统计见表5-24。

图 5-46　六顷地至东来点河段现状工程布置及河势变化

图 5-47　东来点至邵家桥河段现状工程布置及河势变化

表 5-24　邵家桥至礼和河段现状工程统计

序号	工程名称	岸别	工程性质	长度(m)	坝垛(处)	修建时间
1	统一	左岸	控导	100	1	1998 年以前
2	礼和	左岸	控导	3 317.83	16	1998 年以前
3	北崖	右岸	险工	2 765.8	25	1998 年以前
4	三棵柳	右岸	险工	174	3	1998 ~ 2002 年
5	红崖子扬水	右岸	险工	180	5	1998 年以前
合计				6 537.63	50	

从 1986 年以来的河势变化分析,黄土梁扬水弯道送溜较强,邵家桥弯道无工程,依地形送溜至北崖弯道上游,水流坐弯坍塌严重。北崖至礼和河段河势散乱,河道最大摆幅达 2 500 m。2012 年洪水期间,北崖河势右移,而后居中下行,河在礼和控导工程前成汊河,左岸支汊距礼河泵站较近,其横断面见图 5-48。该河段现状工程布置及河势变化见图 5-49、图 5-50。

5.3.4.4　礼和至石嘴山大桥河段(QS33—QS38)

该河段长 21.715 km,现状工程 4 处。左岸 2 处,分别为惠农农场和三排口控导工

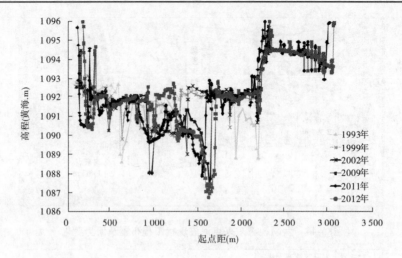

图 5-48　礼和上游 QS37 断面

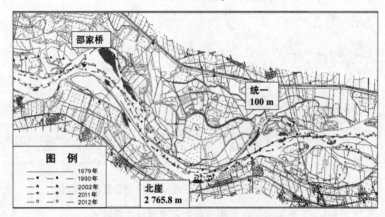

图 5-49　邵家桥至统一河段现状工程布置及河势变化

图 5-50　统一至礼和河段现状工程布置及河势变化

程;右岸 2 处,分别为都思兔河口和沙泉子控导工程。工程长 2 833.59 m、坝垛 22 处。现状工程统计见表 5-25。

表 5-25　礼和至石嘴山大桥河段现状工程统计

序号	工程名称	岸别	工程性质	长度(m)	坝垛(处)	修建时间
1	惠农农场	左岸	控导	200	2	1998 年以前
2	三排口	左岸	控导	733.59		2008～2012 年
3	都思兔河口	右岸	控导	600	6	1998 年以前
4	沙泉子(巴音)	右岸	控导	1 300	14	不详
合计				2 833.59	22	

　　根据 1986 年以来的河势变化分析,现状支汊礼和控导工程靠河,主汊河势居中右移一直下行至都思兔河口上游,由于受都思兔河冲积扇的影响,河势稍向左移。都思兔河为宁夏、内蒙古右岸的界河;下游左岸为宁夏,右岸为内蒙古。2012 年河势基本居中下行,河势变化不大,横断面变化见图 5-51。该河段现状工程布置及河势,见图 5-52、图 5-53。

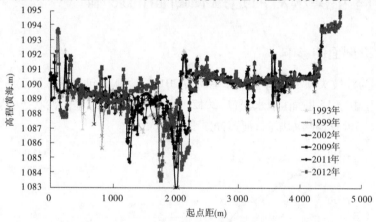

图 5-51　都思兔河下游 QS41 断面

图 5-52　礼和至巴音陶亥河段现状工程布置及河势变化

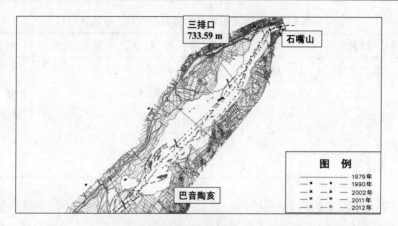

图5-53　巴音陶亥至石嘴山大桥河段现状工程布置及河势变化

5.4　2012年洪水对河道纵横断面的影响

5.4.1　对纵剖面的影响

图5-54为沙坡头坝下至青铜峡库尾河段2011年、2012年主槽深泓点纵剖面图,上段沙坡头坝下至卫宁15断面(清水河口)2012年洪水期间,河道呈微淤状态;清水河口以下呈冲刷状态,临近青铜峡库尾时,河道冲淤变化不大。

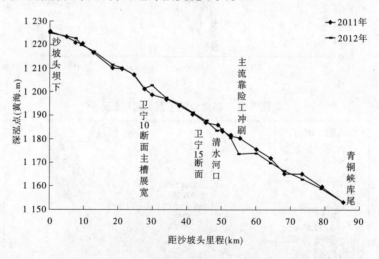

图5-54　沙坡头坝下至青铜峡库尾河段深泓点套绘

图5-55为青铜峡坝下至石嘴山大桥河段2011年、2012年深泓点纵剖面图,2012年汛后与2011年汛后相比,深泓点的沿程变化呈冲淤交替的现象。青铜峡坝下至青石6断面(吴忠市)河段,河出峡谷段,比降大,河道发生冲刷;青石6至青石23断面(冰沟)冲淤基本平衡;青石23至青石40断面(都思兔河河口)呈冲刷状态;都思兔河河口以下河段

呈冲淤交替的状态。

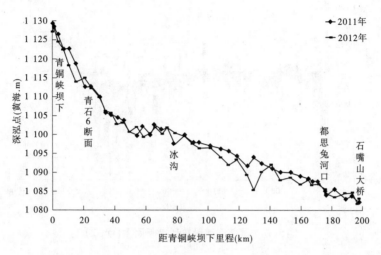

图 5-55　青铜峡坝下至石嘴山大桥河段深泓点套绘

5.4.2　对横断面的影响

　　宁夏河段由分汊型、游荡型及过渡型河段组成,2012 年洪水对不同河型横断面的影响也不尽相同。分汊型河道多年比较稳定,对河道横断面的影响不大,见图 5-56。

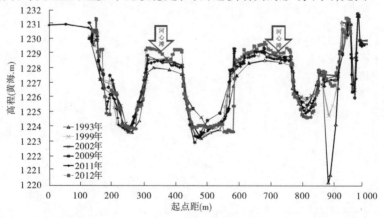

图 5-56　稳定分汊型河段典型横断面图(WN2)

　　由于河床组成较细,游荡型河段河势变化较大。2012 年洪水对横断面的影响,主要表现在主河槽的展宽,见图 5-57。

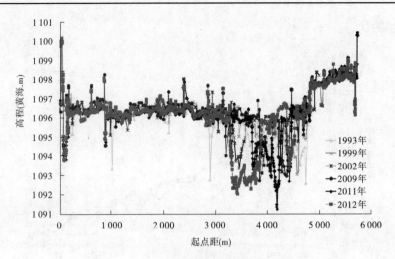

图 5-57　游荡型河段典型横断面图(QS32)

第 6 章　微弯型河道整治效果及可行性评价

6.1　微弯型河道原型观测效果分析

1998～2009 年宁夏河段采取微弯型整治方案对河道进行了整治,部分河段的河势得到了有效控制,微弯型河道原型整治效果如下。

6.1.1　沙坡头坝下至仁存渡分汊型河段

沙坡头坝下至仁存渡河段为分汊型河道,在工程布点已经完成、工程长度满足设计要求的河段,采用微弯型整治也能达到规顺河势的效果。通过对 1979 年、1990 年、2002 年、2009 年、2011 年和 2012 年的河势对比分析,整治效果比较好的河段有新弓湾至新庙、倪滩至杨家湖和青铜峡坝下至梅家湾河段。新弓湾至新庙河段整治前、后对比情况见图 6-1、图 6-2。青铜峡坝下至梅家湾河段整治前、后对比情况见图 6-3、图 6-4。

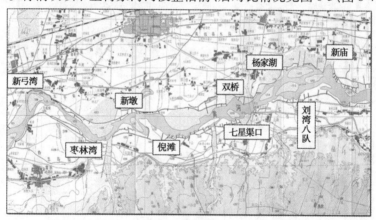

图 6-1　新弓湾至新庙河段 1990 年河道图

6.1.2　仁存渡至头道墩河段

仁存渡至头道墩为过渡型河段,该河段《九五可研》规划控导工程 35 处,仅实施了 11 处,不到规划工程的 1/3,而且实施的工程长度也不满足规划的要求。因此,整体没有达到微弯型整治的效果,但局部河段游荡的河势得到了控制。

6.1.3　头道墩至石嘴山大桥河段

头道墩至石嘴山大桥河段属游荡型河段,该河段《九五可研》规划控导工程 21 处,实际仅实施了 7 处。整体没有达到微弯型整治的效果,但局部河段游荡的河势得到了控制。

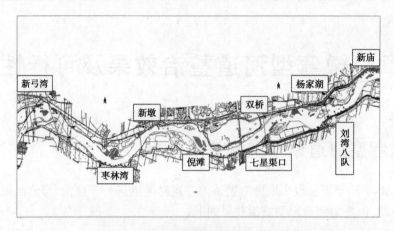

图 6-2　新弓湾至新庙河段 2012 年河道图

图 6-3　青铜峡坝下至梅家湾 1990 年河道图

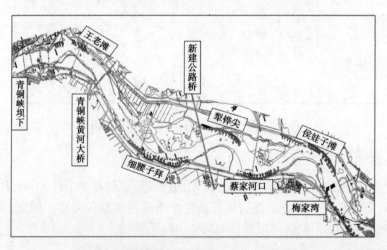

图 6-4　青铜峡坝下至梅家湾 2012 年河道图

　　通过对不同河型采取微弯型整治的实际效果分析,宁夏河段按微弯型整治方案进行河道整治,部分河段能够达到稳定主槽、规顺河势的整治目标。目前,河势变化大的河段,主要是河道整治工程布点少、工程长度不足造成的。

6.2 微弯型整治对河道横向摆幅的控制效果

6.2.1 卫宁河段

图 6-5 分别为卫宁河段 1993 年、1999 年、2001 年和 2009 年实测深泓点摆幅,卫宁河段为分汊型河道,在 1993 年未进行系统的河道整治时,深泓摆幅加大。1998 年以后,经过微弯型整治后,在河道布点比较完善,工程长度满足迎送溜要求的新弓湾(WN3)至跃进渠口(WN9)河段,河道摆幅明显减小;在整治河道工程布点不完善的河段河势变化仍然较大,如黄羊湾至田滩。

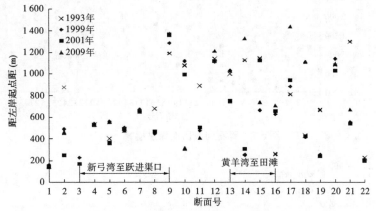

图 6-5 卫宁河段历次深泓摆幅(一)

图 6-6 为 2011 年、2012 年的深泓摆幅,2011 年在原测量断面的基础上,增设了部分断面。2012 年洪水期间,新弓湾(WN3)至跃进渠口(WN10),河道摆幅不大,说明治理效果明显。

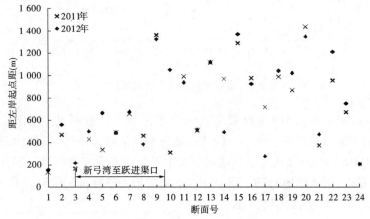

图 6-6 卫宁河段历次深泓摆幅(二)

6.2.2　青石河段

图 6-7、图 6-8 为青石河段 1993 年、1999 年、2001 年、2009 年、2011 年和 2012 年实测深泓摆幅,青石河段青铜峡坝下 QS1(原未布置断面)至仁存渡 QS10(原 QS7)为分汊型河段,仁存渡 QS10(原 QS7)至头道墩 QS17(原 QS12)为过渡型河段、头道墩 QS17(原 QS12)至石嘴山 QS45(原 QS29)为游荡型河段。

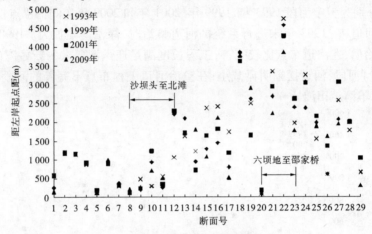

图 6-7　青石河段历次深泓摆幅(一)

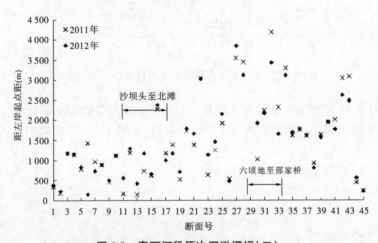

图 6-8　青石河段历次深泓摆幅(二)

分汊型河段王老滩(QS1)至梅家湾(QS04)治理效果比较明显。由于仁存渡至石嘴山大桥河段河道整治工程布点少,力度不够,微弯型整治效果不明显,如沙坝头 QS11(原 QS8)至北滩 QS15(原 QS11),深泓摆幅明显大于王老滩至梅家湾河段。部分河段仅进行了规划,没有布点,如六顷地 QS30(原 QS20)至邵家桥 QS33(原 QS23)河段,深泓摆幅较大,2011 年、2012 年河势摆幅仍然较大。

6.3 现有河道整治工程适宜性分析

宁夏河段由于河型、河性不同,即使同一河型、河性,由于各河床的边界条件、所处的地理位置不同,河势的变化规律也不尽相同,宁夏河段河床组成及河型见表6-1;由于工程位置的布局、弯道长度、工程型式等对水流的适应性也有所差异,因此同样是采用微弯型治理,在投资力度一定的条件下,效果也会有一定的差异。

表6-1 宁夏河段河床组成及河型

河型	河 段	河岸特点	河势特点	河床组成	根石探摸深度(m)
分汊型	沙坡头坝下至枣园	两岸为堤防	心滩交替、主支汊兴衰消长	二元结构,下部为砂卵石,上部覆盖有砂土	13.1
	青铜峡坝下至仁存渡				
过渡型	仁存渡至头道墩		介于分汊型与游荡型之间		13.8
游荡型	头道墩至石嘴山大桥	左岸为台地,左岸为堤防	河床宽浅、河势变化大	沙质河床,河床组成较细	14.8

在分汊型河段,由于河床边界条件优于游荡型河道,其河道自然摆幅小于游荡型,加之河床抗冲性好,因此在微弯型治理过程中,在整治工程布局完善、工程长度满足迎送溜要求、工程设计合理的河段,治理效果明显。如新弓湾至跃进渠口、黄羊湾至田滩、王老滩至梅家湾等典型河段。

在游荡型河段,由于河床边界条件差,河道善淤、善徙,采用微弯型治理的难度要大于分汊型,如民乐电排至六顷地河段,虽然经过多年的整治,在一定程度上控制了河势摆幅,但还没有达到满意的效果,应根据新的来水来沙条件及河势变化,借鉴游荡型河段治理效果较好的经验,加大投资力度,完善宁夏河段的河道整治。

6.3.1 现有工程靠河情况统计

表6-2为宁夏河段控导及险工1990年、2002年、2011年和2012年靠溜统计结果。从不同河段的工程靠溜分析,工程布置密度大的河段工程靠溜概率大。沙坡头坝下至仁存渡整治河段长114.78 km(青铜峡库区除外),现状工程52处,平均2.2 km布设一个工程,2012年工程靠溜占该河段工程总数的78.8%;宁夏河段的河道整治工程主要集中在该河段,占现状工程总处数的73.2%。

仁存渡至头道墩整治河段长43.665 km,现状工程10处,平均4.3 km布设一个工程,2012年工程靠溜数占该河段工程总数的50.0%。

头道墩至石嘴山大桥整治河段长82.75 km,现状工程9处,平均9.2 km布设一个工程,工程布置得太少,基本布置在节点处,可比性差。

表 6-2　宁夏各河段典型年河势靠溜统计结果

河段	工程处数（处）	1990 年		2002 年		2011 年		2012 年	
		靠溜处数（处）	靠溜占工程数（%）	靠溜处数（处）	靠溜占工程数（%）	靠溜处数（处）	靠河占工程数（%）	靠溜处数（处）	靠河占工程数（%）
沙坡头坝下至仁存渡	52	17	32.7	25	48.1	36	69.2	41	78.8
仁存渡至头道墩	10	0	0	2	20.0	5	50.0	5	50.0
头道墩至石嘴山大桥	9	1	11.1	5	55.6	6	66.7	6	66.7
沙坡头至石嘴山大桥	71	18	25.4	32	45.1	47	66.2	52	73.2

表 6-3 为河道工程靠溜统计结果，从表中可以看出，整治工程配套完善的河段工程靠溜概率明显高，主要有新弓湾至跃进渠口、郭庄至田滩和王老滩至梅家湾河段。整治工程不配套的河段，工程脱河严重，多数工程不靠河，如凯歌湾、旧营、倪丁、太平、头道墩、下八顷、五香等工程。

表 6-3　宁夏河段各工程历年靠溜统计结果

河段	序号	工程名称	1990 年	2002 年	2011 年	2012 年	靠溜概率（%）	备注
	1	水车村			1	1	50	
	2	李家庄			1	1	50	汊河
	3	张滩	1	1	1	1	100	
	4	新弓湾（太平渠）	1	1	1	1	100	
	5	枣林湾（寿渠）	1	1	1	1	100	
	6	新墩			1	1	50	
	7	倪滩				1	25	
沙坡头坝下至仁存渡（分汊型）1	8	双桥	0	0	0	1	25	
	9	七星渠口	0	1	1	1	75	汊河
	10	杨家湖	0	1	1	1	75	
	11	刘湾八队		1	1	1	75	
	12	阎庄（新庙）		0	0	0	0	支汊靠河
	13	永丰五队	0	1	1	1	75	
	14	跃进渠口（退水）	0	1	0	1	50	汊河
	15	许庄	1	1	1	1	100	
	16	沙石滩	1	1	1	1	100	汊河
	17	凯歌湾		0	0	0	0	支汊靠河
	18	何营	0	1	1	1	75	汊河

续表6-3

河段	序号	工程名称	1990 年	2002 年	2011 年	2012 年	靠溜概率（％）	备注
	19	旧营	0	0	0	0	0	支汊靠河
	20	郭庄	1	1	1	1	100	
	21	马滩	0	0	1	1	50	
	22	黄羊湾	0	1	1	1	75	
	23	泉眼山	1	1	1	1	100	
	24	金沙沟	1	1	1	1	100	
	25	田滩	1	1	0	0	50	
	26	石空湾	1	0	1	1	75	
	27	康滩	0	0	1	1	50	
	28	倪丁（北营）	1	1	1	1	100	支汊靠河
	29	中宁大桥	0	0	0	0	0	支汊靠河
	30	太平	0	0	0	0	0	支汊靠河
	31	营盘滩	0	1	1	1	75	
	32	黄庄	1	0	1	1	75	
	33	长家滩			0	0	0	
沙坡头坝下至仁存渡（分汊型）1	34	陆庄（董庄）				1	25	
	35	红柳滩				1	25	
	36	高山寺			1	1	50	
	37	王老滩			1	1	50	
	38	细腰子拜	1	1	1	1	100	
	39	犁铧尖	1	1	1	1	100	
	40	蔡家河口（河管所）	0	1	1	1	100	
	41	侯娃子滩	1	1	1	1	100	
	42	梅家湾（秦坝关）	0	0	1	1	50	
	43	柳条滩	0	1	1	1	75	
	44	罗家湖	0	0	1	1	50	
	45	陈元滩	0	0	0	0	0	支汊靠河
	46	古城		1	1	1	75	
	47	华三	0	0	1	1	50	汊河
	48	光明	0	0	0	0	0	
	49	苦水河口	0	0	0	0	0	
	50	唐滩（叶盛桥）	0	0	0	1	50	
	51	种苗场	1	1	1	1	100	

续表6-3

河段	序号	工程名称	1990年	2002年	2011年	2012年	靠溜概率(%)	备注
仁存渡至头道墩(过渡型)2	1	南方	0	0	0	0	0	
	2	东河	0	0	1	0	25	
	3	北滩	0	0	1	1	50	
	4	东升	0	0	0	0	0	
	5	临河堡		1	1	1	75	
	6	金水	0	1	1	1	75	
	7	通贵	0	0	1	1	50	
	8	关渠	0	0	0	0	0	
	9	京星农场	0	0	0	1	25	
	10	头道墩	0	0	0	0	0	
头道墩至石嘴山大桥(游荡型)3	1	下八顷	0	0	0	0	0	
	2	四排口	0	1	1	1	75	
	3	六顷地	0	0	1	1	50	
	4	五香	0	0	0	0	0	
	5	东来点	0	1	1	1	75	
	6	北崖	0	1	1	1	75	
	7	红崖子扬水	1	1	1	1	75	
	8	礼和	0	0	0	0	0	
	9	三排口	1	1	1	1	100	
河段1	52		17	25	36	41	58.3	
河段2	10		0	2	5	5	30	
河段3	9		1	5	6	6	50	
	71		18	32	47	52	53.2	

注:空白处,为没有河势资料;0为不靠河;1为靠河。

6.3.2 典型河段微弯型整治适应性分析

研究选取王老滩至梅家湾、种苗场至六顷地两个河段,分别作为河道整治效果较好和效果不明显的典型河段进行分析。

6.3.2.1 青铜峡坝下王老滩至梅家湾河段

1. 河道基本情况

该河段位于青铜峡坝下,青铜峡坝下至梅家湾河长14.1 km,河道平均宽为860 m,主槽宽620 m,比降0.9‰。河出青铜峡水利枢纽后,水面展宽、泥沙落淤,表层为沙质河床,下层为砂卵石。属典型的分汊型河道。

河道未治理前,河道内心滩发育,汊河较多,水流分散,水流多为2~3汊。自1998年开展微弯型整治后,河势比较规顺,主流摆幅明显减小,河势基本得到控制。

2．河势变化

现状河势变化分析见5.3.2.6节,流路平面示意见图5-35。

3．设计整治方案

1)《九五可研》以前工程

宁夏河道整治工程经过1964年、1981年和1992年三次大规模的建设,在1998年以前已初具规模,该河段共修建河道整治工程5处,长3.505 km,占整治河道长度的35.8%。但工程长短不一,工程最长的为梅家湾控导工程,长1 670 m,坝垛25道;最短的为犁铧尖控导工程,仅130 m,坝垛2道。左岸犁铧尖、侯娃子滩两处控导工程长仅585 m,对控制河势的能力较差,见表6-4。

表6-4　青铜峡坝下至梅家湾不同时期现状工程统计结果

工程名称	岸别	1998年现状工程		2012年工程		增加工程	
		长度(m)	坝垛(道)	长度(m)	坝垛(道)	长度(m)	坝垛(道)
王老滩	左岸			1 177	10	1 177	10
细腰子拜	右岸	650	14	1 916	17	1 266	3
犁铧尖	左岸	130	2	100	1	−30	−1
蔡家河口	右岸	600	7	767	15	167	8
侯娃子滩	左岸	455	5	1 094	12	639	7
梅家湾	右岸	1 670	25	1 957	24	287	−1
合计		3 505	53	5 834	69	2 329	16

注:表中坝垛数负值为工程冲毁。

2)设计方案

1996年水利部黄河水利委员会勘测规划设计研究院对宁夏河段的河道整治进行了系统的规划,同时借鉴了黄河下游微弯型整治成功的经验,提出了微弯型治理的方案,即以整治中水河槽为前提,通过控导、险工等工程措施,按以坝护弯、以弯导溜的原则,达到稳定中水流路、控制洪水、兼顾小水之目的。《九五可研》中该河段规划弯道6个,规划治导线参数见表6-5、规划治导线见图6-9。

表6-5　青铜峡坝下至梅家湾微弯型整治方案治导线参数

序号	弯道名称	曲率半径 R(m)	中心角 φ(°)	直河段长 L(m)	R/B	L/B	岸别	整治河宽 (m)
1	王老滩	1 400	53	1 460	3.5	3.7	左岸	400
2	细腰子拜	1 810	64.5	480	4.5	1.2	右岸	400
3	犁铧尖	1 230	41	460	3.1	1.2	左岸	400
4	蔡家河口	1 170	48	570	2.9	1.4	右岸	400
5	侯娃子滩	1 260	77	880	3.2	2.2	左岸	400
6	梅家湾	1 630	46	1 520	4.1	3.8	右岸	400

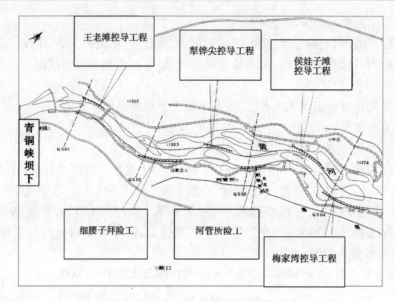

图 6-9 青铜峡坝下至梅家湾规划治导线

3)2012 年现状工程

截至 2012 年,按照规划的治导线,在原有工程的基础上上延下续,并新建了一处王老滩工程。左岸工程长 2 371 m,占整治河段长度的 16.8%;右岸工程长度 4 640 m,占治理河段长度的 32.9%。由于种种原因,工程实施情况变化较大,各工程并没有按原设计的工程长度和坝垛数修建。

4.整治效果分析

1)整治前后河道平面形态变化

从 1990 年青铜峡坝下至梅家湾的河道平面图分析,左岸以生产堤走向控制河势;右岸依滩地地形修建了细腰子拜、姜家湾和秦坝关河道整治工程,以保护滩地。所修建的工程控导河势的作用较差。该河段河床散乱、汊道纵横,平面形态复杂,各汊道的水流及泥沙因子较为复杂,分流、分沙比变化不定,见图 6-3。

1990~1998 年期间,左岸修建了犁铧尖、侯娃子滩控导工程;《九五规划》期间又修建了王老滩控导工程,对稳定、控制河势,起着决定性的作用。

从 2012 年的河道地形图分析(见图 6-4),犁铧尖控导工程前由整治前的三股河,主汊在右岸;经过微弯型整治后主汊规顺至左岸。整治前侯娃子滩控导工程前河为三汊,主汊不明显,经过微弯型治理后主汊规顺至左岸。经过多年的治理,河势在长期来水来沙的调整下,河道平面形态由治理前的散乱分汊,变为较为规顺的中水流路,治理效果明显。

2)河道断面横向摆幅

图 6-10 为青铜峡坝下至梅家湾河段 QS1—QS5 断面深泓横向摆幅,深泓摆幅不大。QS1 断面布设在青铜峡坝下 800 m 处,河道顺直,河势多年稳定;QS2 断面布设在王老滩湾顶处,深泓多年摆幅变化不大;QS3 断面布设在细腰子拜工程的上首,河分为两汊,主汊靠溜细腰子拜弯道;QS4 断面布设在蔡家河口工程上首,横断面深泓稳定;QS5 断面布设在蔡家河口上游,深泓稍有摆动。从历次深泓摆幅分析,变化不大。

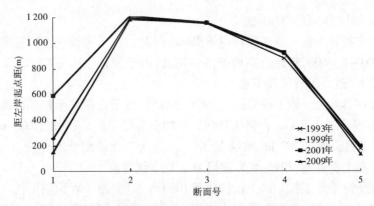

图 6-10 青铜峡坝下至梅家湾河段 QS1—QS5 断面深泓变化

图 6-11 为 QS5 横断面图,治理前河分为三汊,主汊不明显,左右主汊相距约 2 000 m,经过多年的治理,河由三汊规顺为单一河槽;河道宽度由治理前的 3 400 m 到目前的 800 m,该河段通过治理,有效地规顺河势,减小了河道摆幅,治理效果明显。

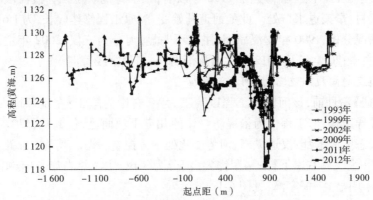

图 6-11   QS5 历次断面套绘图

3)弯道靠溜形势好转

(1)王老滩控导工程。该工程修建于"九五"期间,位于青铜峡水利枢纽下游 1.0 km,黄河铁桥与青铜峡黄河大桥之间,黄河左岸青铜峡河西总干渠 1# 退水闸处,是青石段的第一个河湾,它的稳定对下游河势及流路至关重要。《九五可研》共规划坝垛 15 座,其中退水闸上游 4 座人字垛,退水闸下游规划 6 道丁坝、5 座人字垛。"十五"和"十一五"期间先后新建 1# ~3# 人字垛、加固 4# 人字垛、新建 5# ~9# 丁坝及护岸工程。

该工程于 1995 ~2000 年、2000 ~2005 年分两次完成,从 2011 年、2012 年的河湾靠溜情况分析,2011 年为小水,河势入湾较好,工程全部着溜;2012 年为中水偏大,青铜峡最大流量为 3 470 m³/s,流量大于平滩流量,水流出库区后,沿着左岸下行入王老滩工程上首,而后河势居中下行,弯道适应能力强。

(2)细腰子拜险工。该工程为历史险工,位于青铜峡黄河大桥下游 2.0 km 处,右岸草河村 5 队处。1998 年工程长 650 m,坝垛 14 道。2000 年工程建设长度达 1 916 m,坝垛 17 道。从历年工程靠溜分析,工程前为汊河,1990 年河势散乱,主汊不靠溜;主汊 2002

年、2011 年及 2012 年河势靠溜较好。

（3）犁铧尖控导工程。该工程修建于 1998 年以前，位于青铜峡至仁存渡河段左岸大堤桩号 4 + 500 ~ 5 + 600，新建公路桥下游弯道处，由于种种原因，截至 2012 年现状工程仅 100 m，坝垛 1 道。工程靠溜不稳。

（4）蔡家河口险工。该工程修建于 1998 年以前，位于青铜峡至仁存渡河段右岸青铜峡市新建公路桥下游 1.8 km，青铜峡与利通区的交界处。原工程长度 600 m，坝垛 7 道；截至 2012 年工程长度达 767 m，坝垛 15 道。从历次工程靠溜情况分析，1990 年工程脱河，2002 年工程上首着溜，2011 年及 2012 年工程全线着溜。

（5）侯娃子滩控导工程。该工程修建于 1998 年以前，位于青铜峡至仁存渡河段左岸青铜峡市中滩乡中庄村，青铜峡坝下约 8.0 km 处。1998 年工程较短，为 455 m，1999 年依河岸地形修建 10# ~ 14# 人字垛、加固 15# 人字垛、新建 16# ~ 19# 丁坝。从历次工程靠溜情况分析，1990 年支汊靠溜，主流居中下行；2002 年工程上首着溜；2011 年及 2012 年工程全线着溜。

（6）梅家湾险工。该工程修建于 1998 年以前，位于青铜峡至仁存渡河段右岸吴忠市利通区秦坝关村，秦渠退水口处。此处河道开始变宽，原工程修建较长，为 1 670 m。从历次工程靠溜情况分析，1990 年支汊靠溜，主流不明显，河分为三汊；2002 年主汊河势不靠河，但主流在右岸；2011 年及 2012 年主汊逐渐右移，工程全线着溜。

5. 河势演变趋向规划流路，汊河逐渐减少

《九五可研》治理前，该河段的工程以险工为主，右岸为险工；左岸犁铧尖、侯娃子滩虽然定义为控导工程，但工程仅为依堤防修建的几道丁坝而已，仅起到保护堤防的作用。该河段平面形态宽浅散乱、汊道纵横，河势变化处于无控制状态。其基本流路为青铜峡坝下→细腰子拜（主汊靠右岸下行）→犁铧尖（河分为三汊，主汊靠右岸）→侯娃子滩（河分为三汊，主汊不明显）→梅家湾，见图 6-12。

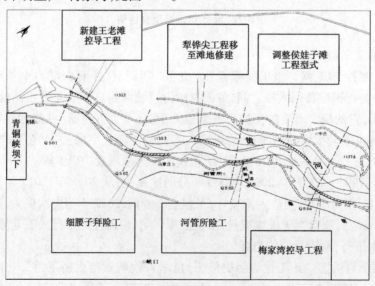

图 6-12　青铜峡坝下至梅家湾《九五可研》工程布置及改建情况

1998 年规划实施情况。自 1998 年宁夏河段按微弯型治理方案开展了大规模的建设，陆续新建、续建、改建了一批工程，工程实施后，河道分汊、游荡有所改善，犁铧尖、侯娃子滩控导工程前河由原来的三汊改为目前的两汊，并规顺了主汊，靠溜稳定；缩小了河道摆幅，对护滩保堤起到了一定的作用。该河段通过治理虽然取得了较好的效果，但分汊型河道的性质并未改变，细腰子拜险工、梅家湾控导工程前的汊河仍然存在，由于工程长度不够，河势仍然上提下挫，部分年份仍出现险情，其规划治导线方案见图 6-12。

1998～2002 年期间，主要对该河段左岸的控导工程按规划治导线进行了新建、改建，新建了王老滩控导工程，犁铧尖的控导工程由依堤防修建，改为在滩地修建，工程向河内移 270 m；侯娃子滩控导工程向河内移 50～240 m，对弯道形式进行了调整。控导工程的修建对河势演变趋向规划流路起着决定性的作用。

2002 年汛期为平水少沙年，汛期平均流量为 910 m³/s，略小于多年平均值，含沙量为 0.9 kg/m³，小于多年平均值，汛期大于 1 000 m³/s 的天数为 24 d，塑造中水河槽的能力差，其流路演变基本沿着 2002 年以前的流路行进。

青铜峡水库的溢流坝位于左岸，2002 年河出青铜峡后，沿着左岸下行至王老滩工程，受王老滩控导工程及青铜峡黄河大桥的共同作用，河势下行右移，送溜至细腰子拜险工，该工程于 2000 年前后修建完毕，2002 年工程上首着溜，自 13 坝以下河势逐渐左移；送溜至犁铧尖弯道；由于犁铧尖工程较短，河势后败；依地形送溜至蔡家河口险工上首，工程中下段靠河不靠溜；送溜至侯娃子滩工程上首，由于工程平面布局呈"凹"形，且走向与堤防呈 30°角，工程布置型式好，促使工程着溜段加长，工程控导作用强，送溜至梅家湾险工上首。通过 1998～2002 年的河道整治工程建设，至 2002 年河势演变已趋向规划流路，其流路为王老滩→细腰子拜→犁铧尖→蔡家河口→侯娃子滩→梅家湾。河势得到了有效的控制，河势演变趋向规划流路，其治理效果见图 6-4。

6. 整治工程对不同洪水的适应性分析

1）工程对小水的适应性分析

2002 年该河段的流路已初步趋向规划流路，2002～2011 年属平水少沙年系列，汛期平均流量为 1 000 m³/s 左右，对塑造中水河槽的作用有限。2011 年汛期来水量为 110.6 亿 m³，与汛期多年平均值相当；来沙量为 0.2 亿 t，含沙量为 0.2 kg/m³，为平水少沙年。汛期出现的最大流量为 1 470 m³/s。

2011 年为小水河势，基本上是沿着 2002 年初步形成的规划流路行进，河出青铜峡枢纽后，靠溜于王老滩控导工程，工程下游为青铜峡黄河大桥，主流从大桥左岸第 2 桥孔穿过，受王老滩控导工程及桥梁的共同作用，河势上提，主汊在细腰子拜险工上游靠溜；受河心滩的影响，工程全线靠溜；犁铧尖控导工程较短，河势后败；犁铧尖控导工程下游滩地建设有采砂场，受堆砂场的影响，蔡家河口险工靠溜较好，送溜至侯娃子滩控导工程，侯娃子滩控导工程布局较好，工程长度满足规划治导线的迎送溜要求，送溜至梅家湾工程上首，主流顶冲 1#～4# 坝，由于此段工程修建时间较长，根石淘刷丢失严重，3# 丁坝已于 2010 年被水流冲毁，岸线失稳已威胁大堤安全。

2）工程对大中洪水适应性分析

2012 年为中水，大部河段的河势沿着 2011 年小水的河势行进，说明工程对大中河势的适应性较好。2012 年汛期来水量为 200.7 亿 m³,比汛期多年平均值多 92.6 亿 m³;来沙量为 0.581 亿 t,含沙量为 2.8 kg/m³,属丰水少沙年份。从汛期的洪水过程分析,7 月 7日至 9 月 16 日的洪水过程线为一矮胖型,其中最大瞬时流量为 3 470 m³/s,最大日平均流量为 3 320 m³/s,流量大于 3 000 m³/s 以上为 11 d,大于 2 500 m³/s 以上为 28 d,大于2 000 m³/s 以上为 45 d。中水流量持续时间长,是近 20 年来所没有的,对塑造中水河槽、稳定河势起着决定性的作用。

上述分析表明,该河段工程的建设基本能适应大、中、小洪水,工程对河势的控制作用较好。

7. 王老滩至梅家湾河段整治经验

(1)青铜峡坝下王老滩至梅家湾为分汊型河道,但从河床演变学角度分析,其演变特性与黄河干流的其他河段差异较大,突出特点为河心滩密布,汊河较多。经过微弯型治理后,主汊趋于稳定,说明微弯整治方案在分汊型河道也是可行的,并能取得较好的效果。

(2)该河段近期工程建设主要集中在 1964 年、1981 年和 1992 年三次大规模的河道整治工程建设的基础上进行的新建、改建、上延、下续,并对犁铧尖及侯娃子滩工程进行了工程布点,经过多年整治,河势控制效果越来越好,进一步证明了该河段的原工程设计布局基本合理,符合河床演变的一般规律。

(3)在河道水流和边界条件的相互作用下,通过中水塑造河槽,控导工程可控制水流走向,最终才能形成稳定的流路。实践表明,在河势调整的过程中,工程布局、长度、型式是微弯型整治的关键。根据已建工程对大、中、小水的适应性分析结果,该河段河势基本得到控制,个别工程长度尚不满足迎送溜的设计要求,河势上提下挫。因此,应在 2012 年大水后利好的前提下,抓住时机,对工程进行上延、下续,为进一步规顺主槽、稳定河势创造条件。

6.3.2.2　头道墩至六顷地河段

1. 河道基本情况

该河段位于青石段的下段,沙质河床,属典型的游荡型河道。河段长 13.3 km,河道平均宽度为 3 740 m,主槽宽 1 720 m,比降 1.9‰。河道受右岸台地和左岸堤防控制,平面上宽窄相间,呈藕节状,断面宽浅,水流散乱,沙洲密布,河床抗冲性差,冲淤变化较大,主流摆动剧烈。由于工程布点少,两岸主流顶冲点不定,经常出现险情。

2. 河势变化

现状河势变化分析见 5.3.4.1 节,工程布置及河势变化见图 5-45。

3. 设计整治方案

1)《九五可研》以前工程情况

《九五可研》以前,宁夏河道整治工程经过 1964 年、1981 年和 1992 年三次大规模的建设,在 1998 年以前已进行了布点工程的建设,共修建河道整治工程 3 处,长 1.03 km,占治理河道长度的 7.7%。工程长短不一,工程最长的为下八顷险工,长 620 m,坝垛 21 道;最短的为头道墩险工,仅 130 m,坝垛 4 道。工程均布置在右岸,控制河势的能力较差,工程建设情况见表 6-6。

表 6-6　头道墩至六顷地不同时期现状工程统计

工程名称	岸别	1998 年工程		2012 年工程		工程增加	
		长度(m)	坝垛(道)	长度(m)	坝垛(道)	长度(m)	坝垛(道)
头道墩	右岸	130	4	1 370	26	1 240	22
下八顷	右岸	620	21	1 577	24	957	3
四排口	左岸			2 901	23	2 901	23
六顷地	右岸	280	8	2 097	17	1 817	9
合计		1 030	33	7 945	90	6 915	57

2)设计方案

1996 年水利部黄河水利委员会勘测规划设计研究院对宁夏河段的河道整治进行了系统的规划,《九五可研》规划弯道 5 处,规划治导线参数见表 6-7;规划治导线布置见图 6-13。

表 6-7　头道墩至六顷地微弯型整治方案治导线参数

序号	弯道名称	曲率半径 R(m)	中心角 φ(°)	直河段长 L(m)	R/B	L/B	岸别	整治河宽(m)
1	头道墩	2 000	57	1 699	4	3.4	右岸	500
2	民乐电排	2 560	44	1 749	4.27	2.92	左岸	600
3	下八顷	1 300	91	2 124	2.17	3.54	右岸	600
4	四排口	2 090	90	2 598	3.48	4.33	左岸	600
5	六顷地	2 200	43		3.67	0	右岸	600

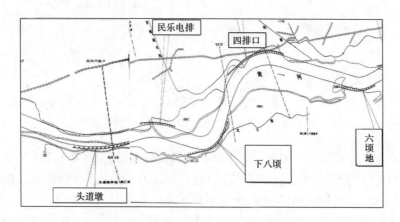

图 6-13　头道墩至六顷地规划治导线

3)2012 年工程现状

该河段经过多年整治,截至 2012 年,按照规划的治导线,在原有工程的基础上,进行了上延下续,并新建了四排口控导工程。该河段新建工程长 6 915 m,现状工程长度达

7 945 m,占治理河段长度的 59.3%,其中左岸工程长 2 901 m,占治理河段长度的 21.8%,右岸工程长度为 5 044 m,占治理河段长度的 63.5%。

4.整治效果分析

1)整治前后河道平面形态变化

图 6-14 和图 6-15 分别为头道墩至六顷地河段治理前后的河道平面图。该河段整治前,虽然已进行了部分河道整治工程的建设,但大部分工程依堤防走向修建,其目的是保护堤防不被洪水冲刷,控导河势的作用较差,河势仍然宽浅散乱。

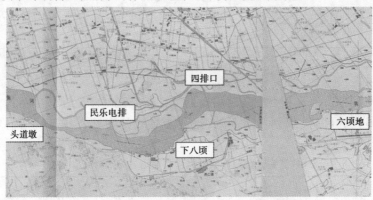

图 6-14　头道墩至六顷地河段 1990 年河道图

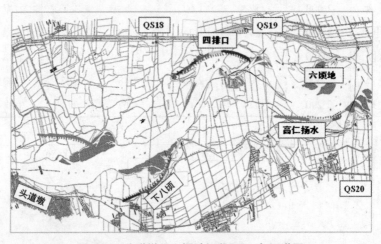

图 6-15　头道墩至六顷地河段 2012 年河道图

从 1990 年头道墩至六顷地的河道平面图分析,整治前该河段基本上采取就岸防护的措施,河床散乱,河势变化不定。1998 年以后,该河段利用已有的河道工程,按规划的微弯型方案进行整治,增加四排口控导工程,对保护堤防起着较大的作用。

从 2012 年的河道地形图分析,经过微弯型整治后,头道墩至下八顷河段治理效果不明显,与 1990 年的平面形态变化不大;四排口至六顷地河段由整治前的河势居中变为弯曲型外形,整治流路基本形成,见图 6-15。

2）河道横向摆幅

图 6-16 为头道墩至六顷地河段 QS18—QS20 断面深泓横向摆幅,从图 6-16 分析深泓摆幅不大。QS18 断面布设在头道墩险工下游的山嘴处,头道墩为天然节点,多年河势稳定,历次深泓摆幅不大,但头道墩送溜不利,以下呈顺河;QS19 断面布设在下八顷险工处,下八顷多年河势不入湾,靠河不稳,深泓最大摆幅达 1 780 m,大部分年份深泓靠右岸,仅2001 年深泓距左岸 1 500 m,QS19 横断面历年套绘见图 6-17;六顷地险工的下游,由于四排口靠河不稳,送溜位置不定,该断面处河床散乱。

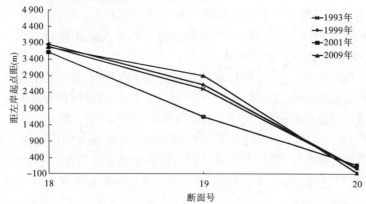

图 6-16　头道墩至六顷地 QS18—QS20 断面深泓横向摆幅

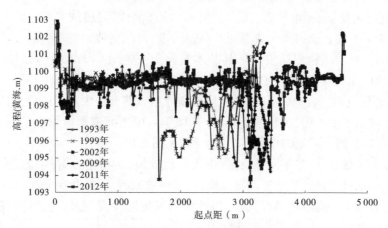

图 6-17　QS19 历次横断面图套绘

3）弯道靠溜分析

（1）头道墩险工。头道墩险工位于游荡型河段的起点,兴庆区与平罗县的交界处。工程下首为山嘴,是天然节点,由于上游京星农场送溜不到位,2002 年、2011 年靠河不靠溜,2012 年河势进一步右移,靠溜较好。河出山嘴后呈顺河。

（2）民乐电排控导工程。该工程规划布点位于仁存渡至头道墩河段左岸贺兰县与平罗县交界处。沙质河床,河势变化频繁,由于种种原因,该工程一直没有实施,河势不稳;水流依地形下行,导致对岸下游的下八顷工程的入流条件不稳定。

（3）下八顷险工。该工程位于平罗县陶乐镇境内,《九五可研》共布置 21 道坝垛,

1999 年和 2000 年一期安排新建了 9#～12#、15#～16#丁坝,工程长度 660 m。工程实施后,对遏制河岸继续坍塌起到了明显的作用,但由于民乐电排控导工程未修建,河势变化不定。2011 年主流顶冲点的上提,工程迎溜段塌岸加剧,为增加工程的迎、送溜能力,并为后续工程的实施创造条件,2002 年二期又续建 13#～14#、18#丁坝,工程长度 620.7 m。从历次河势靠溜分析,由于工程较短,2002 年工程上首靠溜,2011 年靠溜部位下移,靠溜于工程 18#～25#坝垛;2012 年靠溜部位进一步下挫。

(4)四排口控导工程。四排口控导工程修建于 2000 年左右,2011 年修 6 个垛(险工),2012 年在滩地又修 5 道丁坝。四排口是宁夏河段的重点防洪工程,几乎年年抢险。《九五可研》后修建坝垛 12 道;2012 年汛前考虑到护滩优于护堤,并给抢险留有一定余地,工程布置在滩地,向河内移约 400 m。

从历次工程靠溜情况分析,2002 年四排口控导工程脱河,经河势的不断调整,至 2011 年工程前有一大的河心滩,主汊靠溜;2012 年洪水过后,四排口控导工程等于两道防线,由于滩地控导工程修建得较短,控导河势的效果不理想,河势下挫。

(5)六顷地险工。该工程位于头道墩至石嘴山大桥游荡型河段右岸平罗县陶乐镇境内。由于四排口送溜条件不好,工程处河势上提下挫或脱河现象时有发生。从历次河势分析,2002 年工程脱河;2011 年小水河势上提;2012 年洪水期间上首冲刷,工程全线靠溜。

4)部分河段河势演变趋向规划流路,缩小主槽游荡范围

(1)《九五可研》治理前流路。《九五可研》治理前,该河段的工程以险工为主,右岸为险工,左岸无工程。该河段为典型的游荡型河段,河床宽浅,沙洲密布,河床变化迅速,主流摆动不定,严重威胁堤防安全。其基本流路为头道墩→下八顷→四排口→六顷地(四排口至六顷地为顺直河段),见图 6-17。

(2)治理后流路。自 1998 年宁夏河段按微弯型方案开展大规模的整治以来,陆续新建、续建、改建了一批工程,工程实施后,下八顷至六顷地河道河段缩小了河道摆幅的范围,对护滩保堤起到了一定的作用,规划治导线见图 6-14。

头道墩为天然节点,多年河势稳定,由于工程较短,送溜能力弱;《九五可研》规划头道墩下游左岸布点新建民乐电排控导工程,由于种种原因,一直没有实施,头道墩、下八顷为同向河湾。由于头道墩送溜作用差,因此该河道流路没有改善,与治理前流路基本一致,民乐电排规划河湾处,河势仍然变化不定。

下八顷至六顷地河段,2000 年前后新建了四排口控导工程,续建了下八顷险工,下八顷险工虽然靠溜不稳,但依地形均能送溜至四排口,但四排口控导工程的入流位置变化较大。通过 1998～2002 年的河道整治工程建设,至 2002 年河势演变已趋向规划流路,其流路为下八顷→四排口→六顷地。通过治理河势得到了一定控制,河势演变趋向规划流路,见图 6-16。

5)整治工程对不同洪水的适应性分析

(1)工程对小水的适应性分析。2002 年下八顷至六顷地河段已初步趋向规划流路,2011 年为小水河势,基本上是沿着 2002 年初步形成的规划流路行进,2002 年头道墩险工脱河,经过上游工程的续建及 2002～2011 年的河势调整,2011 年头道墩险工上首靠溜,

工程尾部为一凸出的山嘴,控导河势的作用差,河出山嘴后为顺河,河势后败,水流依地形沿着右岸下行至下八顷险工。头道墩、下八顷为同向河湾,由于头道墩险工较短,送溜能力差,加之民乐电排未进行工程布点,下八顷险工入流不稳。因此,头道墩至下八顷河段工程对小水的适应性较差。

由于长期的小水作用,2011 年下八顷险工下部有一较大的河心滩,主汉靠溜下八顷险工上首,工程下游河势后败,受高仁扬水站的影响,水流依地形左移下行至四排口控导工程;四排口控导工程前有一较大的河心滩,主汉靠溜于工程尾部,由于小水坐弯淘刷滩岸,2011 年修 6 个垛(险工);六顷地弯道河势上提,工程上游滩地靠溜,受工程前河心滩的影响,工程全线主汉靠溜。

综上所述,下八顷至六顷地河段河道工程对小水的适应性基本认同。

(2)工程对大中洪水适应性分析。2012 年大部分河势沿着 2011 年小水的流路行进,洪水期间下八顷、六顷地险工在 2012 年出险,该工程对大中洪水的适应性较差。

2012 年头道墩险工靠溜较好,由于为大中洪水,水流动能大,河出山嘴后,依地形顺势居中而下,下八顷险工脱河,靠溜于高仁扬水站处,主汉依地形顶冲四排口控导工程,由于工程依堤防修建,对堤防威胁较大,本着护滩优于护堤的抢险理念,为抢险争取时间,2012 年汛期在滩地修建 5 个丁坝,第 5 个丁坝修建时受凌汛影响,水中进占比较困难,仅修了 50 m。由于第 5 道丁坝作用较弱,水流下挫,7 月初洪水来临时抢修 2 个垛,8 月中旬又抢修 2 个垛,工程送溜段较短。

综上所述,由于头道墩险工送溜能力差,加之缺少民乐电排控导工程,大洪水时河势趋直居中下行,导致下八顷工程主溜脱河,四排口弯道入流不稳,河势下挫严重,威胁堤防安全,造成四排口控导工程 2012 年抢险。因此,下八顷至六顷地河道整治工程对大水的适应性较差。

6.3.2.3　河势没有得到有效控制的原因

1. 河道淤积严重

该河段为游荡型河段,是宁夏干流泥沙淤积最多的河段,据 1993 ~ 2012 年实测断面法冲淤量计算,宁夏河段年平均淤积泥沙 0.091 亿 t,其中头道墩至石嘴山大桥河段年平均淤积量为 0.068 亿 t,占全河段总淤积量的 74.7%;河道长仅占整治河段的 32.5%。河道不断淤积,加重主槽的横向摆动。

2. 整治工程布点不完善、工程长度不足

1998 年以来,头道墩弯道凸出的山嘴一直未修建工程,导致头道墩至下八顷水流基本沿着右岸行进;根据《九五可研》规划,民乐电排河湾一直没有布点,个别年份河势送溜至民乐电排,由于工程没有布点,河势居中下行,下八顷弯道脱溜,造成四排口着溜点不稳,成为险工段,严重威胁堤防安全。因此,工程布点、长度是微弯型整治的关键。

6.4　河道整治评价及建议

6.4.1　河道整治方案评价

　　引进西方河道整治布置弯曲型治导线的原理,同时借鉴中外河流的治河经验,尤其是参照黄河、渭河、沁河中下游弯曲型河道整治的成功经验,对黄河宁夏干流部分河段采取了微弯型整治方案。试验、原型与理论研究表明,自然状态下冲积河流的深泓线都呈弯曲状,弯曲型的整治线符合水流和河床的调整规律;微弯型整治方案在黄河宁夏干流部分河段是适用的,即使在分汊型河段,也能够顺应水流运动与河床变形,只要按照规划的治导线设计,满足迎送溜长度,河道整治可达到理想的效果。

　　1998年以后,按照《九五可研》确定的治导线方案对宁夏河段进行了系统的规划和整治,通过多年的实践,本次全面、系统地对微弯型整治的适宜性进行了研究及评价。初步认为:黄河宁夏干流不同河段对微弯型整治方案的适宜性,可分为微弯型整治效果好、不明显、目前不具备条件以及不适宜等四种类型,见表6-8。

6.4.1.1　微弯型整治效果好的河段

　　在工程布点完善、工程长度满足迎送溜要求、工程布局合理,适宜微弯型整治的河段。整治效果好的河段有新弓湾至跃进渠口、王老滩至梅家湾两个河段。

6.4.1.2　微弯型治理效果不明显的河段

　　在工程布点不完善、工程迎送溜长度较短、工程布局不合理,适宜微弯型整治的河段,虽然按微弯型方案进行了整治,但效果不理想,如黄羊湾至田滩、种苗场至仁存渡、沙坝头至北滩、冰沟至头道墩、民乐电排至六顷地、邵家桥至礼和、中滩至三排口河段。上述河段若按微弯型方案进行整治,在2012年河势利好的条件下,若逐步完善工程布点、新建迎送溜工程,安排好工程布局,会取得一定的治理效果的。

6.4.1.3　目前不具备微弯型整治的河段

　　河道虽然按微弯型治理,但由于工程布点较少,或部分工程依堤防修建,无控导河势的作用,或微弯型整治时机不成熟,整治河段仍然河床宽浅、沙洲密布,河势变化时刻威胁堤防的安全,如福堂至马滩、五香至邵家桥河段。为保障防洪安全,在时机成熟时,可采取微弯型方案整治,以控制河势,确保堤防安全。

6.4.1.4　不适宜微弯型治理的河段

　　根据宁夏河段的河型、河性及河床边界、工程边界条件,河势变化及河道整治工程对大、中、小水的适宜性,在现场调研的基础上,对微弯型整治方案的适应性进行了分析研究,认为在峡谷河段、稳定分汊型河段、受库尾侵蚀基本抬升影响的河段、河道渠化段、大型支流入汇段、受地质条件的限制主流多年沿着一岸行进的河段等,不宜采用微弯型整治,如沙坡头坝下至新弓湾、石空湾至青铜峡库尾、柳条滩至华三、光明至唐滩、东升至灵武园艺场等河段。经研究,上述河段宜采取"工程送溜为主、挖引疏浚与塞支强干为辅"或"平顺护岸"(也可称"就岸防护")的措施进行整治,会达到较好的整治效果。

表6-8 宁夏河段不同河段微弯型治理适宜性评价

河段	序号	河段名称	河道长度(km)	整治河段长度(km)		微弯型整治效果评价			
				微弯型	就岸防护	效果好	效果不明显	目前不具备条件	不适宜
沙坡头坝下至枣园	1	沙坡头坝下至新弓湾	7.07	7.07	7.07				上段河出峡谷,下段为稳定分汊型河段
	2	新弓湾至跃进渠口	19.695	19.695		效果明显			
	3	跃进渠口至黄羊湾	16.46	16.46	16.46			由于该河段工程布点少,且大部分工程依堤防修建,目前不具备微弯型治理的条件	
	4	黄羊湾至田滩	7.515	7.515			虽然进行了工程布点,但工程长度不满足,控制河势迎送溜的要求,控制河势的能力均稍差		
	5	田滩青铜峡库尾	24.32	24.32	24.32				受青铜峡库尾淤积侵蚀基面抬升的影响,为复杂型分汊型河道
青铜峡坝下至仁存渡	6	青铜峡坝下至梅家湾	14.101	14.101		效果明显			
	7	梅家湾至种苗场	21.189	21.189	21.189				柳条滩至华三为吴忠城市段,主槽已进行丁渠化,光明至唐滩河段较短,期间还有桥梁
	8	种苗场至仁存渡	4.43	4.43	4.43		虽然,但仁存渡设有进行工程布点,送溜条件差		

续表6-8 微弯型整治效果评价

河段	序号	河段名称	河道长度(km)	整治河段长度(km) 微弯型	就岸防护	效果好	效果不明显	目前不具备条件	不适宜
仁存渡至头道墩	9	仁存渡至北滩	18.75	18.75			该河段工程布点少,河势基本处于自然状态		
	10	北滩至冰沟	25.545		25.545				受地质条件的影响,河势多年靠右岸行进
	11	冰沟至头道墩	24.915	24.915			受地形条件制约因素较多,河势稍有散乱,工程布点少		
头道墩至石嘴山大桥	12	头道墩至六顷地	13.355	13.355			由于头道墩送溜较差,民乐电排没有布点,下八顷人湾不稳,造成四排口控导工程出险		
	13	六顷地至邵家桥	27.95		27.95			由于四排口送溜散差,该河段河势散乱,左岸没有进行工程布点	
	14	邵家桥至礼和	19.73	19.73			基本流路已经形成,工程布点少		
	15	礼和至石嘴山大桥	21.715	21.715			考虑到为界河,为避免两省矛盾。该河段工程布点少,都恩免河以下,河势基本居中下行		

6.4.2　工程规模及结构设计评价

6.4.2.1　工程规模小,河势未得到有效控制

按照国务院批复的《黄河流域防洪规划》(2008 年),宁夏河段 266.74 km 的平原河段内共需安排河道整治工程 96 处,工程总长度 175.88 km,坝垛、护岸数 1 727 道(段)。2010 年,国家发改委根据防洪规划的要求,在"九五"期间实施工程基础上,又批复了《近期可研》,安排新建坝、垛 123 道,护岸 11.171 km,新续建工程长度 45.4 km。《近期可研》工程全部实施后,宁夏河段符合规划要求的河道整治工程仅有 679 道(座)坝垛,为规划的 39.3%,由于工程缺口大,加上近期实施工程多为平顺护岸、人字垛等布置型式,对河势控制作用较弱,没有起到稳定流路、减小河势摆动的目的。因此,大洪水时仍有发生"横河""斜河"冲毁堤防的可能,沿黄防洪大堤、城镇、村舍、引取水口、主要公路及铁路等仍会受到严重的威胁。

1998 年以后,依据《九五可研》规划的微弯型整治方案,对宁夏河段进行了系统的整治,对遏制河岸坍塌、保堤护滩、控导河势起到了重要作用。但由于投资力度较小,工程布点及工程长度、坝垛数与整体规划规模存在很大差距,难以形成有效的河势控导能力,河势摆动、毁堤塌岸现象仍时有发生。随着河道来水来沙条件的改变,河床淤积加快,不利河势将进一步加剧,若不加快河道整治工程的建设,对河道的防洪安全将构成重大威胁。

6.4.2.2　老坝垛多因险而建,工程布局缺乏统一规划

根据宁夏河段河道整治工程多年的运行情况,已建河道整治工程虽然发挥了巨大的防洪效益,但在工程布置上也存在不少问题,主要是 1998 年以前由于整治工程没有按统一的规划治导线建设,随着河势的改变,一些河道工程脱溜,不能发挥其应有的作用;另外,工程设计和实施时不仅要充分利用原有的河道工程,而且要保护滩地的居民及耕地,整治工程难以统一布局。

6.4.2.3　设计冲刷深度偏小,工程存在安全隐患

黄河宁夏干流河道整治建筑物的主要形式有丁坝、垛和护岸工程三种。丁坝局部冲刷深度对河道整治工程设计及确定工程投资有着重要的意义。

2013 年 12 月宁夏水利厅对 34 处已建的河道整治工程进行了水下根石探测,共探测坝、垛及护岸 120 道(座)。其中,仁存渡以上河段坝垛 92 道(座),仁存渡以下河段坝垛 28 道(座),探测结果见表 6-9。

仁存渡以上河段坝、垛最大根石探测深度(相对于中水水位,下同)21.52 m,平均根石探测深度 13.14 m;仁存渡以下河段坝垛最大根石探测深度 24.80 m,平均根石探测深度 15.81 m。

《九五可研》以来的丁坝设计冲坑水深,仁存渡以上河段平均深度取 9.0 m,仁存渡以下河段平均深度取 14.0 m。2012 年大洪水后实测测量资料表明,田滩、六顷地、北崖等部分工程河床探底实测数据均比原设计值深 1.0 ~ 2.0 m,其中中宁县田滩 10# 和 11# 工程最大冲刷深度处高程为 1 174.40 ~ 1 171.10 m,比设计冲刷深度处高程 1 177.90 m 深 3.90 ~ 6.80 m。2013 年工程实测根石探测深度均大于原工程的设计值。根石的深度不够,将直接影响坝体的稳定,影响整治方案的实施效果。

表 6-9　宁夏河段实测根石探测深度　　　　　　（单位：m）

河段	工程名称	序号	探测坝号	2012 年平滩水位	探测高程	探测深度	最大深度
沙坡头坝下至青铜峡库尾	倪滩险工	1	18 坝	1 218.44	1 208.14	10.30	10.83
		2	19 坝	1 218.38	1 209.79	8.59	
		3	20 坝	1 218.30	1 207.47	10.83	
	双桥控导	4	6 坝	1 217.30	1 203.71	13.59	13.59
		5	9 坝	1 217.11	1 206.25	10.86	
	杨家湖险工	6	1 垛	1 213.65	1 200.69	12.96	16.87
		7	3 垛	1 213.52	1 200.01	13.51	
		8	5 垛	1 213.40	1 198.86	14.54	
		9	6 垛	1 213.26	1 196.99	16.27	
		10	7 垛	1 213.16	1 196.29	16.87	
		11	8 垛	1 213.08	1 198.19	14.89	
		12	9 坝	1 213.01	1 197.76	15.25	
		13	10 坝	1 212.94	1 198.05	14.89	
	刘湾控导	14	6 坝	1 210.99	1 200.38	10.61	13.62
		15	12 坝	1 210.88	1 200.03	10.85	
		16	13 坝	1 210.82	1 197.20	13.62	
	永丰五队险工	17	14 坝	1 208.32	1 197.73	10.59	11.24
		18	15 坝	1 208.24	1 197.00	11.24	
		19	16 坝	1 208.19	1 198.45	9.74	
		20	17 坝	1 208.12	1 197.39	10.73	
		21	25 坝	1 207.54	1 197.11	10.43	
	跃进渠口控导	22	1 垛	1 206.93	1 195.72	11.21	13.91
		23	2 垛	1 206.88	1 192.97	13.91	
		24	3 垛	1 206.80	1 194.18	12.62	
		25	4 垛	1 206.71	1 196.54	10.17	
		26	5 垛	1 206.65	1 195.67	10.98	
		27	6 坝	1 206.54	1 194.33	12.21	
		28	7 坝	1 206.42	1 194.23	12.19	
	龙王庙退水护岸	29	1 坝	1 205.94	1 195.38	10.56	10.56

续表 6-9

河段	工程名称	序号	探测坝号	2012 年平滩水位	探测高程	探测深度	最大深度
沙坡头坝下至青铜峡库尾	何营护岸	30	7 坝	1 199.1	1 186.93	12.17	12.48
		31	8 坝	1 198.73	1 186.25	12.48	
	赵滩护岸	32	渡口	1 197.88	1 182.89	14.99	14.99
		33	5 坝	1 197.11	1 184.98	12.13	
		34	四角堆坝	1 197.03	1 182.42	14.61	
	马滩控导	35	4 垛	1 193.86	1 182.93	10.93	10.93
		36	5 垛	1 193.75	1 185.48	8.27	
	黄羊湾险工	37	6 坝	1 190.93	1 180.02	10.91	10.91
		38	7 坝	1 190.77	1 182.24	8.53	
	金沙沟控导	39	11 坝	1 186.26	1 172.31	13.95	17.73
		40	12 坝	1 186.18	1 168.45	17.73	
		41	13 坝	1 186.07	1 168.84	17.23	
	田滩控导	42	7 垛	1 184.68	1 166.28	18.4	20.08
		43	8 护岸	1 184.58	1 173.00	11.58	
		44	10 垛	1 184.48	1 164.40	20.08	
		45	11 垛	1 184.43	1 168.38	16.05	
	石空湾护堤	46	3 垛	1 183.47	1 169.57	13.90	14.48
		47	4 垛	1 183.37	1 168.89	14.48	
		48	5 垛	1 183.22	1 172.65	10.57	
		49	6 垛	1 183.13	1 174.85	8.28	
		50	7 垛	1 182.98	1 171.17	11.81	
	倪丁护堤	51	8 垛	1 179.63	1 168.28	11.35	16.08
		52	9 坝	1 179.56	1 168.04	11.52	
		53	9 - 1 坝	1 179.44	1 166.49	12.95	
		54	9 - 2 坝	1 179.34	1 163.26	16.08	
		55	9 - 3 坝	1 179.30	1 163.71	15.59	
		56	9 - 4 坝	1 179.28	1 165.13	14.15	

续表 6-9

河段	工程名称	序号	探测坝号	2012 年平滩水位	探测高程	探测深度	最大深度
青铜峡坝下至仁存渡	王老滩控导	57	8 坝	1 134.58	1 123.98	10.60	12.74
		58	9 坝	1 134.48	1 121.74	12.74	
		59	10 坝	1 134.39	1 125.10	9.29	
	细腰子拜险工	60	12 坝	1 131.88	1 115.26	16.62	16.62
		61	22 坝	1 131.37	1 116.03	15.34	
		62	23 坝	1 131.28	1 121.35	9.93	
	蔡家河口险工	63	16 坝	1 129.43	1 116.96	12.47	19.00
		64	17 坝	1 129.39	1 110.39	19.00	
		65	18 坝	1 129.35	1 114.46	14.89	
	侯娃子滩险工	66	1 护岸	1 128.59	1 114.37	14.22	15.65
		67	1 坝	1 128.45	1 112.80	15.65	
		68	2 坝	1 128.39	1 114.87	13.52	
	梅家湾险工	69	9 坝	1 126.68	1 108.62	18.06	18.06
		70	10 坝	1 126.61	1 113.03	13.58	
		71	11 坝	1 126.54	1 115.24	11.30	
		72	12 坝	1 126.49	1 110.90	15.59	
		73	13 坝	1 126.42	1 111.23	15.19	
		74	14 坝	1 126.36	1 114.62	11.74	
		75	15 坝	1 126.30	1 115.29	11.01	
	柳条滩护岸	76	3 坝	1 125.57	1 105.62	19.95	19.95
	古城护堤	77	2 坝	1 118.35	1 107.77	10.58	14.91
		78	3 坝	1 118.28	1 103.37	14.91	
		79	4 坝	1 118.21	1 107.67	10.54	
		80	5 坝	1 118.09	1 107.09	11.00	
	华三护堤	81	2 垛	1 116.60	1 099.65	16.95	21.52
		82	3 坝	1 116.56	1 095.04	21.52	
		83	4 坝	1 116.53	1 102.85	13.68	
		84	5 坝	1 116.48	1 102.83	13.65	
	唐滩护岸	85	3 坝	1 115.14	1 104.97	10.17	10.17
		86	4 坝	1 115.10	1 105.86	9.24	

续表 6-9

河段	工程名称	序号	探测坝号	2012 年平滩水位	探测高程	探测深度	最大深度
青铜峡坝下至仁存渡	种苗场控导	87	9 坝	1 112.82	1 096.12	16.70	16.83
		88	10 坝	1 112.77	1 100.35	12.42	
		89	11 坝	1 112.73	1 098.48	14.25	
		90	13 垛	1 112.57	1 095.74	16.83	
		91	14 护岸	1 112.53	1 104.08	8.45	
		92	15 垛	1 112.50	1 100.91	11.59	
仁存渡至头道墩	南方控导	93	31 坝	1 110.86	1 093.96	16.90	18.51
		94	32 坝	1 110.85	1 092.34	18.51	
	东河控导	95	4 垛	1 109.99	1 094.85	15.14	15.14
	通贵控导	96	13 坝	1 104.23	1 090.87	13.36	13.46
		97	14 坝	1 104.22	1 090.80	13.42	
		98	15 坝	1 104.20	1 092.18	12.02	
		99	16 坝	1 104.18	1 090.72	13.46	
	京星控导	100	2 坝	1 101.61	1 089.74	11.87	15.88
		101	3 坝	1 101.60	1 086.79	14.81	
		102	4 坝	1 101.59	1 088.06	13.53	
		103	13 坝	1 101.47	1 085.59	15.88	
头道墩至石嘴山大桥	四排口控导	104	15 坝	1 099.17	1 083.58	15.59	16.33
		105	16 坝	1 099.16	1 082.83	16.33	
	六顷地险工	106	11 坝	1 098.55	1 079.05	19.50	19.50
		107	12 坝	1 098.53	1 081.88	16.65	
	青沙窝控导	108	3 坝	1 097.97	1 089.37	8.60	23.66
		109	4 坝	1 097.94	1 081.76	16.18	
		110	5 坝	1 097.92	1 074.26	23.66	
	东来点护滩	111	10 坝	1 097.32	1 078.09	19.23	24.80
		112	11 坝	1 097.31	1 079.68	17.63	
		113	12 坝	1 097.30	1 082.01	15.29	
		114	18 坝	1 097.22	1 082.36	14.86	
		115	20 坝	1 097.20	1 072.40	24.80	

续表 6-9

河段	工程名称	序号	探测坝号	2012 年平滩水位	探测高程	探测深度	最大深度
头道墩至石嘴山大桥	北崖控导	116	33 坝	1 094.70	1 078.59	16.11	16.81
		117	34 坝	1 094.68	1 079.70	14.98	
		118	35 坝	1 094.66	1 081.79	12.87	
		119	36 坝	1 094.64	1 077.83	16.81	
		120	37 坝	1 094.62	1 079.82	14.80	

6.4.2.4　结构不尽合理,工程运行中塌损严重

从工程结构形式分析,现状坝垛结构存在的问题较多,工程损毁现象突出,降低了工程的防洪能力,主要表现在 2005 年以前修筑的坝、垛,由于受投资限制,坝体根石只按施工期冲刷深度抛投,没有进行根石预抛,达不到根石设计深度的要求,经长时间的水流淘刷,坝体已破损严重,多处工程根石走失、坝头坝体塌陷失稳,汛期出险严重,已危及工程的安全。同时,由于施工设计多采用传统的草土石结构,存在可靠性差、抢险次数多、强度大等问题。根据 2013 年 10 月的调查情况,有 260 道(座)坝垛存在不同程度的隐患,其中卫宁河段坝垛 118 道(座)、青石河段坝垛 142 道(座)。现状坝垛根据修建的年代、破损的情况,存在的主要问题可分成以下四类:

(1)根石不足。2005 年以前修建的坝垛,施工时根石抛投量是按照施工期实际冲深实施的,经过多年的运行,临时坝垛多数出现根石台塌陷,根石走失严重,坝头护坡蛰陷。根据现场每处工程的实际调查,需对坝头护坡蛰陷但保存较完整的坝垛补抛根石,防止坝坡的继续破坏。工程典型图片见图 6-18。

图 6-18　根石不足的坝垛典型图片(光明工程)

(2)护坡破损。《九五可研》以来至 2005 年期间修建的坝垛现状坝坡破损明显,坦石失稳下滑严重的坝垛,需重新修建护坡。工程典型图片见图 6-19。

(3)高程不够。细腰子拜和田滩两处工程修建时按控导标准修建,2008 年堤路结合工程实施时,对此段的堤防进行了改线,现状大堤基本临水,两处工程部分段已变成险工,

图6-19　根石不足,护坡破损的坝垛典型图片(梅家湾工程)

现状工程经常上水造成坝体塌陷,需对两处工程的险工段进行改建加固,在不改变原有工程平面形式的前提下,沿着现状根石台高程退坦加高,满足险工的设计标准。工程典型图片见图6-20。

图6-20　高程不足的垛典型图片(细腰子拜工程)

(4)老坝垛损毁。1995年以前修建的老坝垛,由于工程长时间的运行,出险坍塌严重,坡度陡立,基本无护坡坦石,坝顶也无备防石,同时由于当时大部分是抢险修建,坝垛的布置也不合理,应根据工程总体布局要求,结合工程位置线对坝垛的平面形式进行调整改建。老坝垛需接长、新建根石台、重做护坡。工程典型图片见图6-21。

6.4.2.5　功能与工程结构形式单调

在一些城市河段,工程无法与城市河段周边景观环境相协调,结构形式单调,生态景观效果差,只突出防洪功能,没有考虑与城市河段人们亲水需求的结合,新材料、新技术应用较少。

上述情况加剧了宁夏河段防洪抢险的紧张局面,2012年汛期宁夏河段最大洪峰流量为3 400 m³/s,河道滩地几乎全部漫水,由于河势得不到有效控制,上滩后洪水顶冲大堤、岸坡,出险严重。据现场不完全统计,大堤偎水后,亟待抢护的严重险点险段达47处之多。为尽快消除堤防险情,维护河势稳定,改变目前汛期防洪被动、紧张局面,亟待强化防

图 6-21　老坝垛损毁典型图片（跃进渠口工程）

洪工程,完善河防工程体系。同时,现状工程与当地经济社会的发展、沿黄城市带建设对河道综合功能的需求也极不相适应。

6.4.3　微弯型方案治理在宁夏河段的可行性

宁夏河段经过多年的微弯型整治,通过强化弯道河床的边界条件,以坝护弯、以弯导溜,逐步控制河势,规顺中水河槽,使河道具有曲直相间的微弯型形式,达到护滩、保堤的作用。经过近 15 年的微弯型整治,无论在分汊型、过渡型和游荡型河道,在工程布点完善,弯道工程设计满足迎送溜要求河段,大部分河段达到了整治的目标;反之,河势变化较大,沿黄防洪大堤、城镇、村舍、引取水口、主要公路及铁路等仍然受到严重威胁。特别在仁存渡以下的过渡型和游荡型河段,由于沙质河床抗冲能力弱,河势变化较大,在大洪水时出现"横河""斜河"的概率增大,威胁堤防安全。综上所述,宁夏河段部分河段采取微弯型整治方案是可行的。

第 7 章　河道整治方案研究

7.1　整治目标及原则

不同河流具有特定的流域自然地理、水文特性，社会环境和文化背景，这些特性的差异，使其河道整治的目的也不尽相同。宁夏河段的河道整治是以防洪为目的的。

7.1.1　整治目标

（1）继续完善河道整治方案，通过河道整治工程的建设，使不利河势得到改善。在游荡型及过渡型河段逐步强化河湾边界，规顺中水河槽，使其逐步稳定，减小主流摆动范围；在分汊型河段，巩固汊道稳定，防止汊道冲刷。改善现状不利河势，达到有利防洪之目的。

（2）通过河道整治，保护堤防、城镇、村庄、渠道、公路、铁路及大型工矿企业，达到有利于沿河引水、滩岸保护和利用之目的。

7.1.2　中水治河的理念

按中水整治黄河的冲积性河道，是古今中外水利专家的一贯主张。20 世纪 30 年代德国的 H. Engels 认为：“黄河之病不在于堤距过宽，而在于缺乏固定河道之中水河槽，建议利用‘之’字形河道，并施以适当的护岸工程，以求固定中水河槽。”我国水利专家李仪祉、钱宁也赞同这种观点。李仪祉提出：“因为有了固定中水河床以后，才能设法控制洪水的流向，不然便如野马无缰，莫如之何，只有斤斤防守而已。”可见，当时人们已经认识到了“淤滩刷槽”等措施在控制河势变化中固定中水河槽的作用。

7.1.2.1　中水控制河槽的作用

洪水的宣泄主要靠主槽。根据黄河下游实测资料分析，在中水河槽宽度内，一般能通过全断面过洪流量的 80% 左右。中水河槽是在造床流量作用下形成的，水流的造床作用最强烈。中水河槽得到治理后，河道可达到平顺，同时洪、枯流路也能得到控制。

7.1.2.2　维持中水河槽的措施

一是采取工程措施，二是主槽要有一定的泄洪排沙能力，二者缺一不可。黄河干流部分河段泥沙淤积萎缩严重，塑造一定排洪能力的水流条件较差，河势得不到控制，中水整治往往功亏一篑。塑造中水河槽的水流条件，一是有利水沙条件；二是利用水库调水调沙。工程措施即按照规划的流路，以坝护弯、以弯导溜，以稳定中水河槽。

7.1.3　整治原则

（1）符合水流运动及河床演变的自然发展规律，尽量不强行改变现状水流的走向，不改变天然卡口、节点上下游的入出流方向。

（2）在制订治理方案时，应尽量利用自然条件、已建工程，减少人力、财力的浪费。

（3）整治方案要具有预见性、主动性，护滩优于护堤，为抢险争取时间。

7.2　整治依据

7.2.1　《河道整治设计规范》（GB 50707—2011）

7.2.1.1　分汊型河道

《河道整治设计规范》（GB 50707—2011）中相关规定如下：

7　典型河段整治原则

7.4　分汊型河段。

7.4.1　分汊型河道的整治可选择采取稳定汊道、改善汊道、堵塞汊道等措施。

7.4.2　当分汊型河段的发展演变过程处于较稳定有利的状态时，宜采取巩固汊道稳定的整治措施。稳定汊道可在分汊型河段上游节点处、汊道入口处、汊道内的冲刷河段，以及江心洲首部和尾部分别修建整治工程。

7.4.3　当分汊型河段的演变发展与社会发展不相适应，且不允许堵塞汊道时，可采取修建顺坝或丁坝、疏浚或爆破等改善汊道的整治措施。

7.2.1.2　游荡型河道

《河道整治设计规范》（GB 50707—2011）中相关规定如下：

7　典型河段整治原则

7.5　游荡型河段。

7.5.1　游荡型河段的整治应采取逐步缩小主流的游荡摆动范围、稳定河势流路的工程措施。

7.5.2　根据经济社会发展的需要、水流泥沙特性和河势流路，应选择对防洪、护滩和引水等综合效果优的中水流路作为整治流路，宜充分利用已有的整治建筑物或固定边界制定治导线。

7.5.3　河道整治工程布局宜以坝护弯、以弯导流、保堤护滩。

7.5.4　河槽整治，应依照中水治导线，因势利导，合理修建控导工程，并应控导主流，稳定河槽，缩小游荡范围。

7.2.2　有关规划

（1）2008 年 7 月，国务院批复的《黄河流域防洪规划》，"……宁蒙河段采用微弯型整治，规划河道整治工程253 处（其中控导工程199 处）……"。

（2）2010 年 6 月，水利部审查通过了《黄河流域综合规划》，对宁夏河段的河道整治工程的审查意见为："……宁蒙河段特别是内蒙古河段主流摆幅较大，河势多变，中小洪水危及堤防安全。为控制河势，保障堤防安全，需要在现有工程基础上，进一步完善河道整治方案……"。

7.3　整治方案的拟订

宁夏河段由分汊型、过渡型和游荡型河段组成,其中沙坡头坝下至仁存渡河段为分汊型河段,长 114.78 km,占治理河道长度的 43.0%;仁存渡至头道墩河段为过渡型河段,长 69.21 km,占 26.0%;头道墩至石嘴山大桥河段为游荡型河段,长 82.75 km,占 31.0%。自 1998 年以来,宁夏河段按微弯型整治开展了大规模的治理,取得了一定的成绩。但随着治河技术的发展及人们对治理多泥沙河流认识水平的不断抬高,整治方案的拟订也存在不同认识,通过借鉴多泥沙河流治理的经验、教训,结合河型、河性及河势演变,综合分析拟订整治方案。

7.3.1　整治方案简介

近代一些中外水利专家研究了多种多泥沙河流整治的方案,取得了卓有成效的成果。近期具有代表性的方案有卡口型、麻花型、平顺防护型和微弯型整治方案四种。长期的实践证明,微弯型整治在黄河干流部分游荡型河段取得了较好的治理效果。

7.3.1.1　卡口整治方案

卡口整治方案又称节点整治或对口丁坝整治。

1. 河床演变

分析黄河下游河槽的沿程宽度发现,存在着河宽沿程有宽窄相间的变化现象,收缩段常有节点存在,节点多由山嘴、险工、胶泥嘴、桥梁等构成;有一岸存在,也有两岸对峙的。节点的存在限制了主流的平面摆动,导致了河床的缩窄。在扩张段因无节点控制,主流任意摆动,导致水流散乱、河床宽浅。

2. 治理思路

认为黄河下游游荡型河段犹如一条具有弹性的长细钢条,一处发生振动,波动将向下游传播。若在钢条中间选择几点嵌固起来,限制其振动,则钢条的其他部分的振动也会变小。根据这一思路,在河道现有节点的基础上,沿河两岸选择适当的位置修筑对口丁坝,设立人工卡口,限制主流横向摆动,最终达到稳定河势之目的。对口丁坝整治工程平面布置见图 7-1。

3. 存在问题

独立卡口不能控制下游河势;卡口大大缩窄了原有河道,卡口上游势必产生较大的壅水,对防洪安全不利;卡口工程置于深槽施工,抢险困难、耗资巨大。

7.3.1.2　麻花型整治方案

1. 河床演变

在黄河下游孟津白鹤镇至兰考东坝头的游荡型河段,河道虽然具有宽浅、散乱和变化不定的特点,但从历史河势分析,流路仍然具有一定的规律,经概化河道多年的主流线,基本上为两条,每条都具有弯直相间的形态,两条流路的关系是两湾湾顶大致相对,在平面形态上犹如麻花一样交织,见图 7-2。

2. 治理思路

利用自然或人工节点卡口,在节点之间按两条流路控制,各湾顶均布设整治工程,一

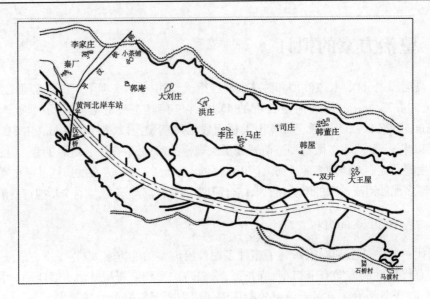

图 7-1　黄河下游秦厂至来潼寨对口丁坝整治工程布置示意图

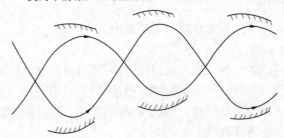

图 7-2　麻花型治理示意图

种流路出现后,由一种流路的工程控制;另一种流路出现后,由另一种流路的工程控制。

3.治理步骤

第一步先利用节点,在两节点间以缩小游荡范围为目标控制两条流路,第二步按一条流路加强整治,达到控制河势的目的。

4.存在问题

两套工程长度比微弯型整治方案大。另外,在两种流路完成后,由一种流路转到另一种流路的变化过程中,可能会出现一些威胁已建工程安全的临时河势,也需被迫修建工程;两岸修建的工程长度可达到河道长度的140%以上,工程投资大。

7.3.1.3　平顺防护型整治方案(就岸防护)

1.河床演变

在游荡型河段,河道外形顺直,汊流交织,沙洲众多,主流摆动频繁。给河道整治带来了很大的困难。

2.治理思路

为不缩窄河道,给泥沙淤积及河势变化留有足够的余地,不减少河道的排洪滞沙能力,提出了平顺护岸的方案。在两岸依堤防地形或距对岸有足够宽度的滩岸修建防护工程,把主流限制在两岸防护工程之间。黄河干流内蒙古河段依堤防、滩地修建防护工程如

图 7-3 所示。

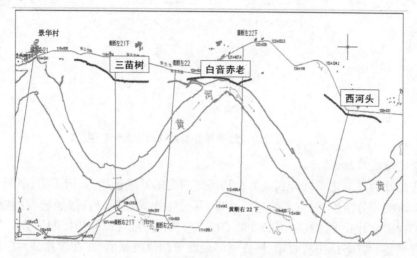

图 7-3　内蒙古河段依堤防、滩地修建防护工程

3. 工程布置特点

工程依堤防或滩地地形修建,受溜平顺,险情轻,抢护易,无控导河势的作用。

4. 存在问题

由于河势变化,主流并非顺工程而下,常常形成"斜河""横河",有时甚至横向冲向工程,工程受溜情况与险工相似,因而工程必须有足够的深度才能保证安全。另外,采取平顺护岸工程,由于河势变化不定,出险点也无预见性,因此要保障河道不出险,修建工程的长度需近于河道长度的 2 倍。

7.3.1.4　微弯型整治方案

1. 河床演变

在游荡型河段,虽然河道外形顺直,汊流交织,沙洲众多,主流摆动频繁;但就某一主流线的平面外形而言,具有曲直相间的平面形式,只是位置及弯曲的状况经常变化而已,同时河势变化还具有弯曲型河流的演变规律。

2. 治理思路

在河势演变的基础上,归纳出几条基本流路,进而选择一条中水流路作为整治流路,该中水流路与洪水、枯水流路相近。整治中采用单岸控制,仅在弯道凹岸修建工程。通过控导、险工等工程措施,按以坝护弯、以弯导溜的原则,达到稳定中水流路、控制洪水兼顾小水之目的。

3. 治导线设计

治导线指河道通过整治后在设计流量下的平面轮廓线(两条曲直相间的平行线),是利用控导和险工的合理布置,达到约束水流、控制河势、稳定中水流路的目的。治导线主要设计参数包括整治流量、整治河宽、河槽排洪宽度及河湾要素等,其中河湾要素包括弯曲半径 R、中心角 φ、直河段长 l、河湾间距 L、弯曲幅度 P 及河湾跨度 T 等,其值大小多与设计河宽 B 有关;设计治导线平面轮廓及河湾要素如图 7-4 所示。治导线设计详见 7.5 节。

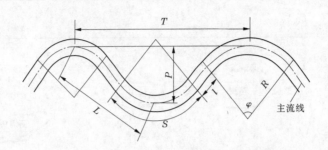

图7-4　设计治导线平面轮廓及河湾要素示意图

4. 研究及运用结论

微弯型整治方案比较符合水流运动和河床演变的发展规律,黄河下游、渭河下游及黄河宁夏干流的部分河段,采取了微弯型治理,部分河段效果明显。按照已有的整治经验,当两岸工程的合计长度达到河道长度的80%左右时,一般可以初步控制河势。

微弯型整治方案是在弯曲型、过渡型河段取得整治效果后,才在游荡型河段进行整治实践的。该方案理论相对成熟,整治经验丰富,而且只沿一种基本流路的凹岸单岸修建整治工程,投资少。在游荡型河道整治中优先采用。该方案已在黄河下游、渭河下游以及宁夏黄河干流部分河段得到了运用,取得了较好的整治效果。

7.3.2　整治方案研究

从河床演变特性、河型、河性,现状河势变化及演变趋势;现状工程布点、形式、长度、控制河势的作用及2012年洪水的抢险、出险情况分析,黄河宁夏干流的河道整治方案,宜采取微弯型整治与就岸防护措施相结合的方式。

7.3.2.1　微弯型整治方案

1. 整治作用

控导河势、稳定主槽,减少"斜河""横河"的发生,保障堤防安全,兼顾护滩。可作为一种长期的规划。

2. 方案优点

(1)微弯型整治符合水流运动和河床演变的发展规律。

(2)微弯型整治方案投资少、防守重点突出、易于管理。

(3)微弯型整治属主动防险,抢险具有预见性、主动性,可为抢险争取时间,有效避免较大险情的发生。

3. 方案缺点

前期方案论证工作量大,工程调整河势周期长,工程建设不能一次到位。

4. 方案拟订原则

(1)充分利用已有的河道工程、节点及抗冲性较强的河岸,对节点工程进行合理的改造和完善,发挥现有工程的作用;处理好与已建工程的关系,减少工程量、节省投资。

(2)在制订整治方案时,不改变天然卡口、节点上下游的入出流方向。

(3)治导线的拟定要符合水流的自然特性,不强行改变现状水流的走向。

(4)尽量利用现状流路,以便修建工程;现行中水流路与规划治导线吻合的河段,采用微弯型治理。

（5）在两个节点之间，均无控制工程，河势变化不定，为有效控制河势，保障防洪安全，采用微弯型治理；或待时机成熟时再进行工程建设。

（6）充分考虑当地护滩、引水及保护两岸城镇、村庄、输水工程及交通运输设施等的要求，对已开发的滩地或有居民的滩地应尽量保护。

（7）两岸为界河，为防止发生水事纠纷，保障防洪安全，采取微弯型治理方案。

5. 工程布置原则

（1）兼顾上下游、左右岸对河道防洪的要求，统筹规划，要和远期规划相结合。

（2）在治理过程中，要由上而下进行布点工程的建设。

（3）工程布置要以坝护弯，以弯导溜。

（4）新、续建工程要遵循"上平、下缓、中间陡"的原则，一般迎溜段布置成垛，以增强工程对来流方向变化的适应性，导溜段、送溜段布置成丁坝，加强导、送溜能力。

（5）对改建工程，为发挥已建坝垛的作用，原则上不改变原有工程的布置形式。

（6）工程的布置要有利于河势的良性发展；在目前还不具备微弯型治理的河段，工程布置时，应考虑以后微弯型治理的要求。

（7）与就岸防护措施衔接入口的工程布置，不改变下游入口的河势。

7.3.2.2　就岸防护措施

1. 就岸防护措施及作用

根据现状河势（水边）距堤防、滩岸较近处（或有不利的发展趋势），为保证堤防及滩地的安全，依堤防或滩地的走向、地形修建的防护工程，称就岸防护措施。就岸防护措施可起到保堤护滩的作用。

2. 就岸防护措施的优点

工程措施目的明确，在紧急抢险时可有效防止堤防、滩地冲刷，不需进行方案的比选及论证。

3. 就岸防护措施的缺点

无控导河势的作用，在洪水抢险时，没有预见性，属被动抢险；若达到控制河势的目的，工程布置长度最终需要达到治理河段长度的 2 倍，投资大。

4. 就岸防护措施的拟订原则

（1）在稳定、非稳定的分汊型河道，在汊道入口处或汊道内发生冲刷的河段。

（2）受河床地质条件的影响，河势多年稳定并靠某一岸行进，河岸发生冲刷的河段。

（3）河势变化较大，无固定流路时，现阶段流路不具备微弯型治理条件或时机不成熟，现状河岸距堤防较近并危及堤防安全的河段。

（4）当水流淘刷有村庄、村民居住的滩地，严重威胁到人民群众生命财产安全的河段。

（5）支流入汇口处，泥沙堆积导致河势多年向一侧推进，上下游一定范围内的河段。

（6）受侵蚀基准面抬升的影响，泥沙淤积严重，河势变化不定的河段。

（7）限制性河湾湾顶距堤防较近的河段。

5. 工程的布置原则

要采取就岸防护与长远规划相结合的原则，若该河段规划有微弯型治理方案，则在满足就岸防护的同时，兼顾微弯型治理方案布置工程，使河势向有利的方向发展。

与微弯型治理河段入口衔接的工程布置,应有送溜的作用。

7.4　不同河段整治方案的拟订

按照微弯型整治与就岸防护措施确定原则,依据现状河势变化及发展趋势,通过现状整治工程实施效果及存在问题的研究,分别拟订不同河段适宜的河道整治方案。

7.4.1　沙坡头坝下至枣园河段

7.4.1.1　沙坡头坝下至新弓湾河段(就岸防护,WN1—WN3)

沙坡头坝下至水车村为河出峡谷段,河道顺直、比降大,河势多年稳定。原规划治导线(指《九五可研》规划的治导线,下同)起点为右岸的水车村险工,水车村至张滩河段为汊河,河床组成颗粒较粗,河心滩多年稳定,原规划弯道3个,实施了李家庄、新弓湾2处工程。

该河段存在的问题主要为汊道水流冲刷滩岸,2012年洪水期间,李家庄、张滩险工出险,水流淘刷严重。根据就岸防护措施"在稳定、非稳定的分汊型河道,在汊道入口处或汊道内发生冲刷的河段"的确定原则,采取就岸防护措施。为防止水流继续淘刷滩岸,根据现状河势及发展趋势安排李家庄、水车村和张滩防护工程3处,工程长8 603.8 m。工程安排规模见表7-1。方案拟订及工程布置见图7-5。

表7-1　沙坡头坝下至新弓湾河段(就岸防护措施)工程安排

序号	工程名称	岸别	工程类别	工程长度(m)
1	李家庄	左岸	险工	1 552.8
2	水车村	右岸	险工	4 336.1
3	张滩	右岸	险工	2 714.9
合计				8 603.8

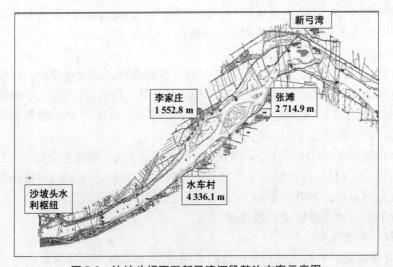

图7-5　沙坡头坝下至新弓湾河段整治方案示意图

7.4.1.2　新弓湾至跃进渠口河段（微弯型整治，WN3—WN10）

该河段《九五可研》规划弯道 13 个，自 1998～2010 年已完成了工程布点，经过多年的微弯型整治，河势已基本得到了控制，现状流路与规划的治导线基本吻合，仅表现为河势的上提下挫。2012 年洪水期间，河势下挫，在工程布置长度比较短的新墩、倪滩及双桥工程的下首，水流坐弯坍塌严重，威胁堤防安全。根据微弯型整治"充分利用已有的河道整治工程、节点及抗冲性较强的河岸，对节点工程进行合理的改造和完善，发挥现有工程的作用"及"现行中水流路与规划治导线吻合的河段"的确定原则，采取微弯型整治。

原规划治导线经过近 20 年的来水来沙变化及河势的长期调整，河势上提下挫，水流冲刷滩岸、坐弯严重，威胁堤防安全。为保证河势稳定，需对工程进行上延、下续。根据现状河势及发展趋势，对该河段进行规划治导线的设计，并根据微弯型整治方案工程的布置原则，进行部分工程的上延、下续，工程安排规模见表 7-2。方案拟订及工程布置见图 7-6～图 7-9。

表 7-2　新弓湾至跃进渠口河段（微弯型整治）工程安排

序号	工程名称	岸别	工程类别	改建加固		新建	
				长度(m)	坝垛(处)	长度(m)	坝垛(处)
1	新弓湾（太平渠）	左岸	控导	360	4	518	5
2	新墩	左岸	控导			454	5
3	双桥	左岸	控导			903	9
4	杨家湖（莫楼、夹渠）	左岸	险工			345	4
5	冯庄（新庙）	左岸	控导			585	5
6	跃进渠口	左岸	控导	205	4	1 214	3
7	枣林湾（寿渠）	右岸	1#～8#险工，9#～13#控导	223	3	811	5
8	倪滩	右岸	险工			436	5
9	七星渠口	右岸	险工	220	4	756	1
10	刘湾八队	右岸	控导			483	6
11	永丰五队	右岸	1#～23#险工，24#～32#控导			330	4
合　计				1 008	15	6 835	52

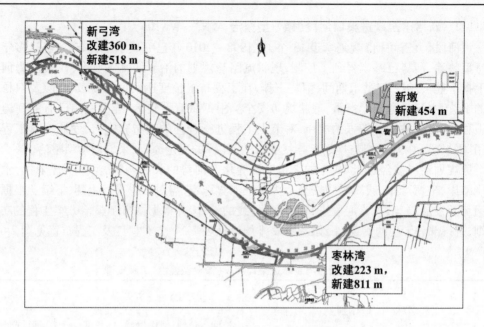

图 7-6　新弓湾至新墩河段整治方案示意图

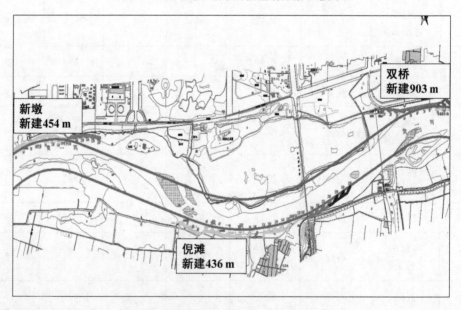

图 7-7　新墩至双桥河段整治方案示意图

7.4.1.3　跃进渠口至黄羊湾河段(就岸防护,WN10—WN15)

跃进渠口至黄羊湾河段为分汊型河道,右岸为主汊,水流基本沿着右岸行进至中宝铁路桥。中宝铁路桥下游右岸,何营、旧营为同向河湾。主汊多年沿着右岸下行至旧营。受旧营局部地形的影响,送溜至左岸的郭庄弯道。

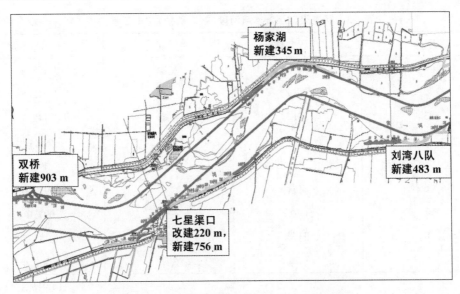

图 7-8　双桥至刘湾八队河段整治方案示意图

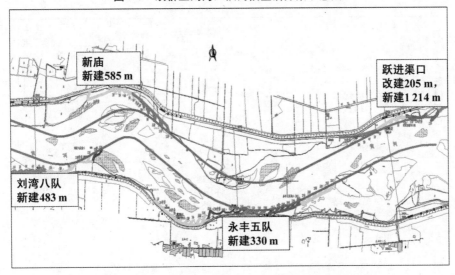

图 7-9　刘湾八队至跃进渠口河段整治方案示意图

该河段原规划河湾 8 个,由于两岸堤距较近,现状没有按微弯型整治方案布置工程,在距主汊较近的堤防,布置了丁坝或坝垛,仅起到保护堤防的作用。根据就岸防护措施"受河床地质条件的影响,河势多年稳定并靠某一岸行进,河岸发生冲刷的河段"的原则,该河段采取就岸防护的措施。

目前,该河段存在的问题是,主汊、支汊距堤防较近,冲刷堤防。为防止水流继续淘刷堤防,根据现状河势及就岸防护布置工程的原则安排工程规模,见表 7-3。方案拟订及工程布置分别见图 7-10、图 7-11。

表 7-3　跃进渠口至黄羊湾河段(就岸防护)防护工程安排

序号	工程名称	岸别	工程长度(m)
1	福堂	左岸	1 111.4
2	凯歌湾	左岸	1 212.5
3	郭庄	左岸	1 742.7
4	龙王庙沟口	右岸	990.0
5	许庄－沙石滩	右岸	3 398.4
6	何营	右岸	2 910.0
7	石黄沟	右岸	697.0
8	旧营	右岸	1 285.7
9	马滩	右岸	1 567.4
合计			14 915.1

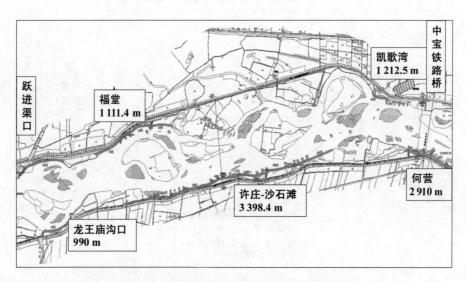

图 7-10　跃进渠口至何营河段整治方案示意图

7.4.1.4　黄羊湾至田滩河段(微弯型整治,WN15—WN18)

该河段原规划河湾 4 个,均进行了工程布点,但由于该河段堤距较窄,规划的弯道均依堤防走向修建了丁坝,工程长度较短,对稳定河势起到了一定的作用。右岸马滩工程下游有支流清水河汇入,由于清水河挟带的泥沙较多,造成入黄口以上河道壅水,形成河心滩,河势变化不定。在清水河下游右岸,有固海扬水工程,为保证固海扬水工程的引水,在主汊黄羊湾弯道的下游,于 2003 年修建了几道锁坝,送溜至固海扬水工程处。该河段主汊与规划的治导线基本吻合,根据微弯型整治"尽量利用现状流路,以便修建工程;现行中水流路与规划治导线吻合的河段"的原则,采取微弯型整治的方案。

该河段存在的问题是,由于现状工程布置长度比较短,2012 年河势下挫坐弯严重,威胁堤防安全。为保证河势稳定,需对工程进行上延、下续。结合现状河势情况及发展趋

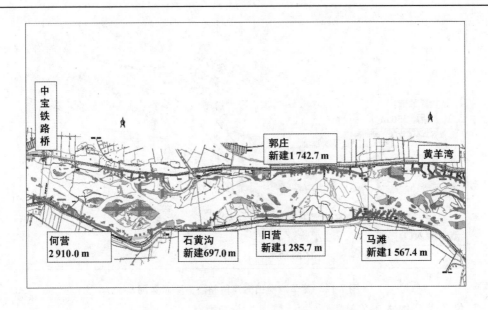

图 7-11　何营至黄羊湾河段整治方案示意图

势,根据微弯型整治方案布置工程的原则,进行部分工程的上延、下续,工程安排规模见表 7-4。方案拟订及工程布置见图 7-12。

表 7-4　黄羊湾至田滩河段(微弯型整治)河道工程安排

序号	工程名称	岸别	工程性质	改建加固		新建	
				长度(m)	坝垛(处)	长度(m)	坝垛(处)
1	黄羊湾	左岸	险工			350	3
2	金沙沟	左岸	控导			737	2
3	泉眼山	右岸	控导			1 550	
4	田滩	右岸	控导	463	5	722	5
	合计			463	5	3 359	10

7.4.1.5　田滩至青铜峡库尾河段(就岸防护,WN18—WN24)

该河段原规划河湾 11 个,基本上没有按微弯型方案整治。该河段为青铜峡库区的入库段,受青铜峡库尾侵蚀基准面抬升的影响,河道汊流丛生,汊流变化不定。在汊河距堤防较近的河段,依堤防走向修建了一些丁坝、垛和平顺护岸。根据就岸防护措施"受侵蚀基准面抬升的影响,泥沙淤积严重,河势变化不定的河段"的原则,采取就岸防护措施。

1. 田滩至倪丁河段

田滩至中宁黄河大桥河段,末端建设有中宁黄河大桥,桥上游右岸滩地建设有中宁枸杞交易中心(黄河楼),严重侵占河道,新建堤防距左岸仅 740 m。由于石空湾、倪丁现状工程较短,河势下挫,坐弯坍塌严重,威胁堤防安全。

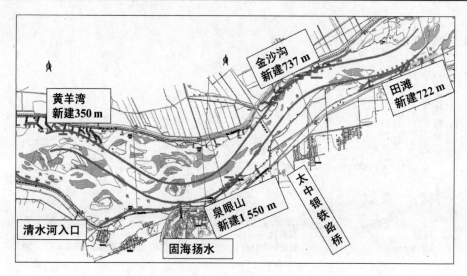

图 7-12 黄羊湾至田滩河段整治方案示意图

2. 倪丁至青铜峡库尾河段

该河段原规划河湾 7 个,由于受青铜峡库区末端侵蚀基准面抬升的影响,比降变缓,形成壅水汊流,河势、河心滩变化不定。该河段存在的问题为河道汊流丛生,河势变化不定。由于就岸防护措施的局限性,无控导河势的作用,对河势变化的趋势不能做出明确的判断。因此,仅安排现状河势离堤防较近、对堤防产生较大威胁的河段,采取就岸防护措施。

根据现状河势及就岸防护布置工程的原则,工程安排规模见表 7-5。方案拟订及工程布置分别见图 7-13 ~ 图 7-15。

表 7-5 田滩至青铜峡库尾河段(就岸防护)防护工程安排

序号	工程名称	岸别	工程长度(m)
1	石空湾	左岸	1 277.3
2	倪丁	左岸	894.5
3	黄庄	左岸	340.0
4	童庄	左岸	536.1
5	立新	左岸	1 170.3
6	高山寺	左岸	1 308.8
7	新渠稍	左岸	700.0
8	康滩	右岸	740.0
9	营盘滩	右岸	2 064.5
10	红柳滩	右岸	1 464.2
11	上滩	右岸	2 421.0
合计			12 916.7

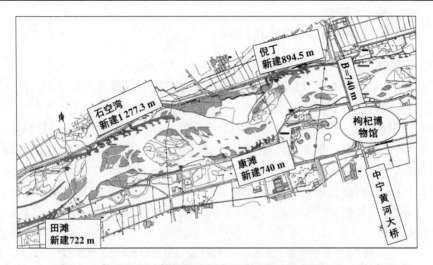

图 7-13 田滩至倪丁河段整治方案示意图

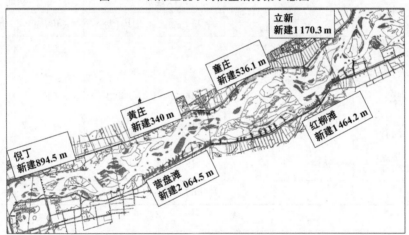

图 7-14 倪丁至立新河段整治方案示意图

图 7-15 立新至青铜峡库尾河段整治方案示意图

7.4.2　青铜峡坝下至石嘴山大桥河段

7.4.2.1　青铜峡坝下至梅家湾河段(微弯型整治,QS1—QS5)

该河段原规划弯道6个,已布置弯道5处;犁铧尖弯道仅修建3道丁坝。河段经过多年的微弯型整治,河势已基本得到了控制,河势变化仅表现为湾顶的上提下挫。2012年洪水期间,除犁铧尖工程河势下挫、滩地坍塌严重外,其他各湾顶基本能控制河势;流路与规划的治导线比较吻合。根据微弯型整治"尽量利用现状流路,以便修建工程;现行中水流路与规划治导线吻合的河段"的原则,该河段采取微弯型整治的方案。

该河段存在的问题主要是犁铧尖弯道工程布置较短,河势下挫坐弯塌滩严重,威胁堤防安全。为保证河势稳定,需对工程进行下续。工程安排规模见表7-6。方案拟订及工程布置见图7-16。

表7-6　青铜峡坝下至梅家湾河段(微弯型整治)河道工程安排

序号	工程名称	岸别	工程性质	改建加固		新建	
				长度(m)	坝垛(处)	长度(m)	坝垛(处)
1	犁铧尖	左岸	控导			673	7
2	侯娃子滩	左岸	控导			720	8
3	细腰子拜	右岸	险工	16	1 440	520	6
4	蔡家河口(河管所)	右岸	险工	12	890	325	4
5	梅家湾(秦坝关)	右岸	险工	19	1 430	1 132	6
	合计			47	3 760	3 370	31

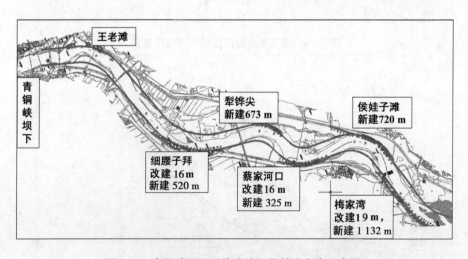

图7-16　青铜峡坝下至梅家湾河段整治方案示意图

7.4.2.2　梅家湾至种苗场河段(就岸防护,QS5—QS11)

该河段原规划弯道8个。由于河段较窄,规划布点处大部分依堤防修建了丁坝、垛及平顺护岸工程,无控导河势的作用。罗家湖至古城河段为吴忠市城市段,长 7.69 km,两岸已进行了渠化。古城至种苗场河段,除支流苦水河汇入主流左移外,其余河段主汊多年靠右岸行进。根据就岸防护措施"受河床地质条件的影响,河势多年稳定并靠某一岸行进,河岸发生冲刷的河段;支流入汇口处,泥沙的堆积导致河势多年向一侧推进时,上下游一定范围内的河段"的原则,采取就岸防护的措施。

1. 梅家湾至古城河段

梅家湾送溜至柳条滩,柳条滩为平顺护岸,主汊沿着左岸顺势下行,而后居中下行至罗家湖,而后进入吴忠市城市防洪河段。

2. 古城至种苗场河段

该河段有大古铁路桥、叶盛黄河桥 2 座大桥,大桥对河势的控制作用较大。古城、华三为同向弯道,根据现状河势分析,主汊多年一直沿着右岸行进至大古铁路桥。河出华三险工后,受右岸苦水河汇入的影响,河势左移,而后进入叶盛黄河桥。河出叶盛黄河桥后,河势仍然沿着右岸下行。

存在的问题:由于柳条滩现状为一平顺护岸,2012 年洪水期间河势下挫坐弯,现状河势距堤防不足 80 m,威胁堤防安全;由于河势多年靠右岸行进,罗家湖、古城及华三现状河势距河较近,需要采取防护措施。根据现状河势及就岸防护布置工程的原则安排工程,见表 7-7。工程布置分别见图 7-17、图 7-18。

表 7-7　梅家湾至种苗场河段(就岸防护)防护工程安排

序号	工程名称	岸别	工程长度(m)
1	柳条滩	左岸	1 850
2	九闸	左岸	266
3	光明	左岸	1 360
4	唐滩	左岸	1 116
5	罗家湖	右岸	
6	古城	右岸	3 180
7	华三	右岸	
8	苦水河口	右岸	502
合计			8 274

7.4.2.3　仁存渡(种苗场)至北滩河段(微弯型整治,QS11—QS15)

该河段原规划弯道 7 个,其中种苗场、南方、北滩已完成了工程布点,仁存渡为天然节点,多年靠溜稳定;沙坝头弯道河势稍有散乱,南方基本稳定。经过多年的微弯型整治,河势已基本得到了控制,2012 年现状流路与规划的治导线基本吻合。根据微弯型整治"尽量利用现状流路,以便修建工程;现行中水流路与规划治导线吻合的河段"的原则,采用微弯型治理。

存在的问题:仁存渡为天然节点,未修建河道整治工程,控制河势的能力较差,河出节

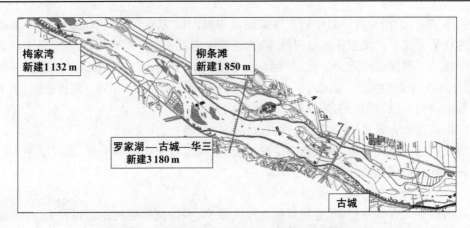

图 7-17　梅家湾至古城河段整治方案示意图

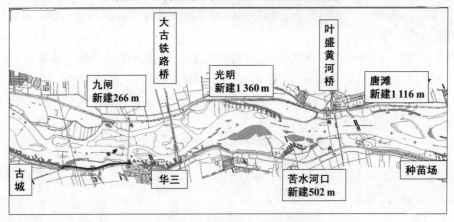

图 7-18　古城至种苗场河段整治方案示意图

点后成顺河,主溜居中直趋南方工程下首,距堤防仅 60.0 m,沙坝头弯道脱溜;河沿着左岸入东河弯道,东河河势下挫,威胁堤防安全。根据微弯型整治方案的要求,工程规模安排见表 7-8。方案拟订及工程布置见图 7-19、图 7-20。

表 7-8　仁存渡(种苗场)至北滩河段(微弯型整治)河道工程安排

序号	工程名称	岸别	工程性质	改建加固		新建	
				长度(m)	坝垛(处)	长度(m)	坝垛(处)
1	仁存渡	左岸	控导			2 662	30
2	南方	左岸	控导			1 382	16
3	东河	左岸	控导	173	2	1 855	19
4	沙坝头	右岸	控导			580	7
5	史壕林场	右岸	控导			2 154	22
6	北滩	右岸	控导			580	7
	合计			173	2	9 213	101

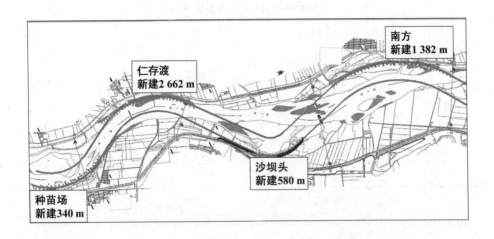

图 7-19　仁存渡(种苗场)至南方河段整治方案示意图

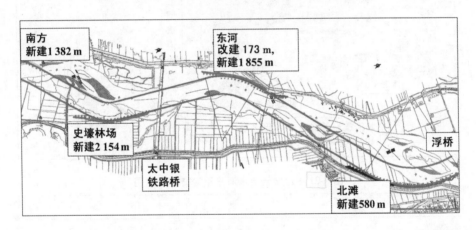

图 7-20　南方至北滩河段整治方案示意图

7.4.2.4　北滩至冰沟河段(就岸防护,QS15—QS22)

该河段原规划河湾 8 个,仅东升、金水弯道进行了工程布点,但工程较短;临河堡下游为机场高速路,长约 2 000 m。水流受浮桥卡口的影响,河出浮桥后,河势偏左,而后折向右岸临河堡,局部河段有塌岸现象。临河堡至冰沟河段,河势多年基本沿着右岸行进,河势稳定,局部地段有塌岸现象。根据就岸防护措施"受河床地质条件的影响,河势多年稳定并靠某一岸行进,河岸发生冲刷的河段"的原则,采取就岸防护的措施。

存在的问题:该河段多年河势沿着右岸行进,主流距堤防较近,堤防安全随时受到威胁。根据现状河势及就岸防护布置工程的原则,工程规模安排见表 7-9。工程布置分别见图 7-21、图 7-22。

表 7-9　北滩至冰沟河段(就岸防护)防护工程安排

序号	工程名称	岸别	工程长度(m)
1	东升	左岸	2 000
2	东大沟	右岸	1 555
3	临河堡	右岸	
4	金水	右岸	10 614
5	灵武园艺场	右岸	
合计			14 169

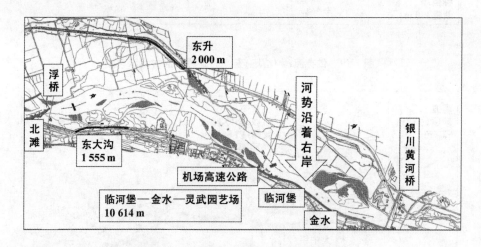

图 7-21　北滩至金水河段整治方案示意图

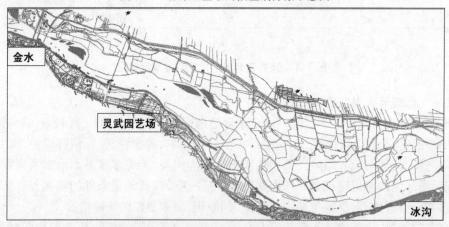

图 7-22　金水至冰沟河段整治方案示意图

7.4.2.5　冰沟至六顷地河段(微弯型整治,QS22—QS30)

该河段原规划弯道 13 个,有 7 个弯道进行了工程布点,其中左岸 3 处、右岸 4 处。经过多年的微弯型整治,河道整治效果不理想,四排口控导工程年年出险。2012 年现状流路与规划的治导线基本吻合。根据微弯型整治"尽量利用现状流路,以便修建工程;现行中水流路与规划治导线吻合的河段,采用微弯型治理"的原则,采取微弯型整治方案。

存在的问题:头道墩为过渡型与游荡型河段的分界点。由于头道墩工程布置较短,河出头道墩弯道尾部凸出的滩嘴后,成顺河直趋下八顷工程尾部,下八顷至四排口为南北斜河,四排口险工经常出险,是宁夏河段的重点防守工程。2012 年洪水期间,河出下八顷弯道后,水流直冲四排口控导工程,冲塌坝头,河势下挫严重,坐弯塌滩,河距堤防仅 70.0 m,严重威胁堤防安全。根据微弯型整治方案的要求,工程规模安排见表 7-10。方案拟订及工程布置见图 7-23、图 7-24。

表 7-10　冰沟至六顷地河段(微弯型整治)工程安排

序号	工程名称	岸别	工程性质	改建加固		新建	
				长度(m)	坝垛(处)	长度(m)	坝垛(处)
1	通贵	左岸	控导	1 086	11	1 212	13
2	关渠	左岸	控导			1 603	16
3	京星农场	左岸	控导	1 420	13	1 373	14
4	民乐电排	左岸	控导			2 278	24
5	陶灵公路	右岸	控导			2 320	22
6	头道墩	右岸	控导	1 536	13	142	1
7	下八顷	右岸	控导	40	1	300	2
8	六顷地	右岸	控导			1 022	11
合计				4 082	38	10 250	103

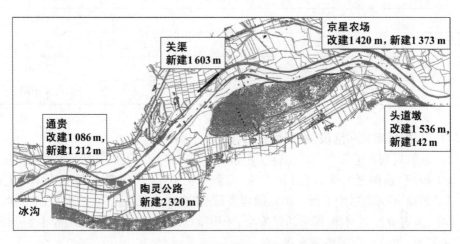

图 7-23　冰沟至头道墩河段整治方案示意图

7.4.2.6　六顷地至邵家桥河段(就岸防护,QS30—QS33)

该河段原规划弯道 6 个,对右岸六顷地、五香、东来点 3 个弯道进行了工程布点。六顷地至黄梁土扬水站,河势多年靠着右岸行进,扬水站下游受地形的影响,折向左岸的邵家桥险工。2012 年洪水期间,由于六顷地弯道上部着溜,工程下首送溜不力,河势在着溜

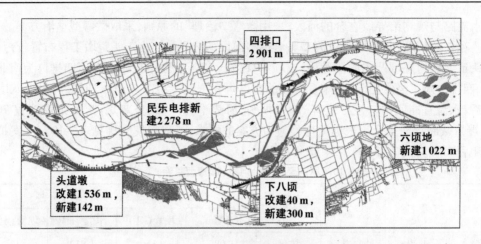

图 7-24　头道墩至六顷地河段整治方案示意图

点处折向左岸,受局部河心滩的影响,水流顶冲东来点下游的青沙窝滩地,为保障滩地村庄安全,对东来点河滩实施了开挖引河的分流措施,减缓了对青沙窝抢险的难度。根据就岸防护措施"受河床地质条件的影响,河势多年稳定并靠某一岸行进,河岸发生冲刷的河段"的原则,采取就岸防护措施。

存在的问题:河势多年靠右岸行进,水流淘刷岸边严重,威胁堤防安全。根据现状河势及就岸防护布置工程的原则,工程规模安排见表 7-11。工程布置见图 7-25、图 7-26。

表 7-11　六顷地至邵家桥河段(就岸防护)防护工程安排

序号	工程名称	岸别	工程长度(m)
1	青沙窝	右岸	1 019
2	东来点	右岸	1 793
3	施家台	右岸	2 204
合计			5 016

7.4.2.7　邵家桥至礼和河段(微弯型整治,QS33—QS38)

该河段原规划弯道 7 个,仅有北崖、礼和 2 个弯道进行了工程布点。邵家桥弯道多年河势基本稳定,送溜至北崖,河出北崖后,河势变化不定,河道最大摆幅达 2 500 m,见图 7-27。2012 年河势居中下行。根据微弯型整治"在两个节点之间,均无控制工程,河势变化不定,为有效控制河势,保障防洪安全,采用微弯型治理;或待时机成熟时再进行工程建设"的原则,采取微弯型整治方案。

存在的问题:北崖送溜工程较短,导致以下河势居中下行,无固定流路。根据微弯型整治方案的要求,工程规模安排见表 7-12。方案拟订及工程布置见图 7-28、图 7-29。

图 7-25　六顷地至东来点河段整治方案示意图

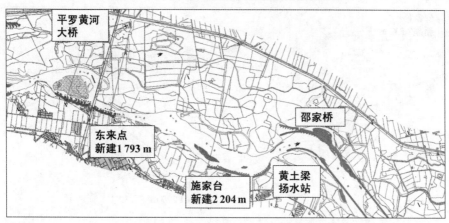

图 7-26　东来点至邵家桥河段整治方案示意图

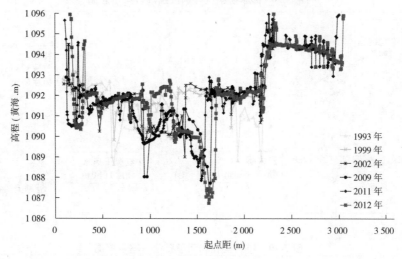

图 7-27　礼和上游青石 37 断面

表 7-12　邵家桥至礼和河段（微弯型整治）工程安排

序号	工程名称	岸别	工程性质	改建加固		新建	
				长度(m)	坝垛(处)	长度(m)	坝垛(处)
1	邵家桥	左岸	控导			2 532	27
2	统一	左岸	控导			2 300	26
3	礼和	左岸	险工	823	7	63	1
4	北崖	右岸	控导			1 277	14
5	三棵柳	右岸	控导			1 620	13
6	红崖子扬水	右岸	控导			1 680	18
	合计			823	7	9 472	99

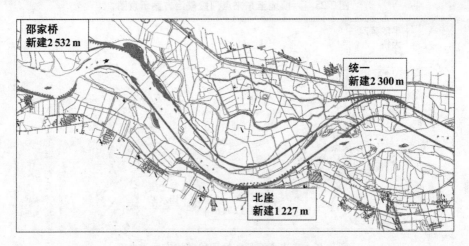

图 7-28　邵家桥至统一河段整治方案示意图

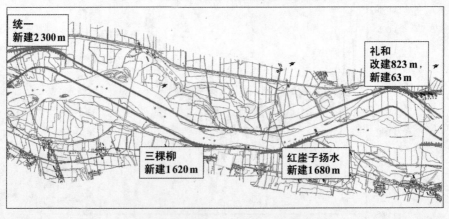

图 7-29　统一至礼和河段整治方案示意图

7.4.2.8　礼和至三排口河段(微弯型整治,QS38—QS44)

该河段原规划弯道 7 个,除礼和、三排口依堤防布置了坝垛及平顺护岸外,其余均未安排工程。该段为进入石嘴山峡谷段,河道顺直,而且较窄,河势稳定。礼和上段为微弯型整治的最后一个弯道,送溜至右岸都思兔河入汇口,都思兔河为宁夏、内蒙古的界河。2012 年都思兔河入黄口以下,河势基本沿右岸下行。根据微弯型整治"两岸为界河,为防止发生水事纠纷,保障防洪安全"的原则,采取微弯型整治方案。

存在的问题:礼和至都思兔河河口,由于 2012 年河势沿右岸下行,安排了中滩工程,防止冲刷滩岸。都思兔河以下右岸为内蒙古境内,左岸为宁夏境内,由于河势沿着右岸,左岸宁夏河段不需要防护,仅入峡谷段三排口需要防护。根据微弯型整治方案布置工程的要求,工程规模安排见表 7-13。方案拟订及工程布置见图 7-30、图 7-31。

表 7-13　礼和至三排口河段(微弯型整治)河道工程安排

序号	工程名称	岸别	工程性质	改建加固		新建	
				长度(m)	坝垛(处)	长度(m)	坝垛(处)
1	礼和	左岸	控导			63	1
2	三排口	左岸	护岸			4 454	
3	中滩	右岸	控导			1 970	22
合计						6 487	23

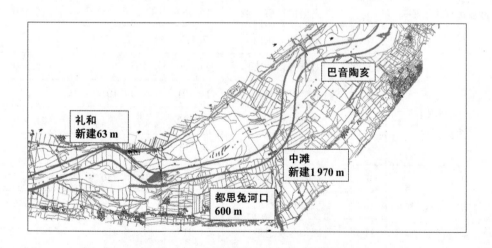

图 7-30　礼和至三排口河段河道整治方案示意图(一)

综上所述,宁夏河段适合采用微弯型整治方案的河道长度为 144.206 km,占治理河道长度的 54.06%;其他河段采取就岸防护的措施、目前条件不具备或不适宜进行微弯型整治的河道长度为 122.534 km,占整治河道长度的 45.94%。详见表 7-14。

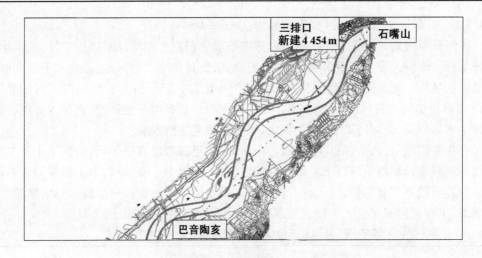

图 7-31　礼和至三排口河段河道整治方案示意图(二)

表 7-14　采用不同整治方案的河段长度统计

河段	序号	河段名称	整治河段长度(km)	微弯型整治河段长度(km)	就岸防护河段长度(km)
沙坡头坝下至枣园	1	沙坡头坝下至新弓湾	7.070		7.070
	2	新弓湾至跃进渠口	19.695	19.695	
	3	跃进渠口至黄羊湾	16.460		16.460
	4	黄羊湾至田滩	7.515	7.515	
	5	田滩至青铜峡库尾	24.320		24.320
青铜峡坝下至仁存渡	6	青铜峡坝下至梅家湾	14.101	14.101	
	7	梅家湾至种苗场	21.189		21.189
	8	种苗场至仁存渡	4.430	4.430	
仁存渡至头道墩	9	仁存渡至北滩	18.750	18.750	
	10	北滩至冰沟	25.545		25.545
	11	冰沟至头道墩	24.915	24.915	
头道墩至石嘴山大桥	12	头道墩至六顷地	13.355	13.355	
	13	六顷地至邵家桥	27.950		27.950
	14	邵家桥至礼和	19.730	19.730	
	15	礼和至石嘴山大桥	21.715	21.715	
全河段			266.740	144.206	122.534

7.5 微弯型整治方案设计

微弯型整治是在河势演变的基础上,归纳出几条基本流路,进而选择一条中水流路作为整治流路,该中水流路与洪水流路、枯水流路相近(中水流路)。整治中采用单岸控制,仅在弯道凹岸修建工程。通过控导、险工等工程措施,按以坝护弯、以弯导溜的原则,达到稳定中水流路、控制洪水兼顾小水之目的。

中水流路设计主要由治导线来体现,治导线是按整治后整治流量通过的平面轮廓线,是河道整治工程平面布置的依据,整治参数是确定规划治导线的水力及河湾要素的指标。

7.5.1 微弯型方案整治参数

治导线设计整治参数主要包括整治流量、整治河宽、河槽排洪宽度及河湾要素等。整治参数的选取应以整治河段的水流运动及河床演变规律为基础。

《九五可研》中按中水流路整治,采用微弯型整治方案。确定的整治流量为:沙坡头坝下至枣园河段为 2 500 m³/s,青铜峡坝下至石嘴山大桥河段为 2 200 m³/s。整治河宽沙坡头坝下至枣园河段为 300 m,青铜峡坝下至仁存渡河段为 400 m,仁存渡至头道墩河段为 500 m,头道墩至石嘴山大桥河段为 600 m。

近期随着流域来水来沙的变化及上游水库的调蓄作用,宁夏河段的来水来沙出现了新的变化。具体表现为:一是来水来沙量明显减少;二是径流量年内分配发生了明显的变化;三是汛期有利于输沙的大流量历时和水量减少;四是水沙关系更加不协调。鉴于以上原因,需对整治参数进行复核。

7.5.1.1 整治流量

整治流量可分为洪水河槽整治流量、中水河槽整治流量和枯水河槽整治流量。黄河干流冲积性河段多年的测验成果表明,中水河槽水深大、糙率小,排洪量占全断面的 70% ~ 90%,造床作用较强,因此采用中水河槽的平滩流量作为河道整治的设计流量。

1. 整治流量的计算方法

中水整治流量的确定方法主要有平滩流量法、马卡维耶夫法及经验公式法等;另外,整治参数的确定要与已有的规划相衔接。

1)平滩流量法

平滩流量是指当河槽水位至滩面高程时相应的流量。根据实测大断面资料,划定主槽范围,确定平滩水位,利用水力学方法计算平滩水位下断面的过流量,即平滩流量,水力学公式如下:

$$Q_{平} = AV = A \frac{1}{n} R^{2/3} J^{1/2} \tag{7-1}$$

式中:$Q_{平}$ 为平滩流量,m³/s;A 为断面主槽过水面积,m²;R 为断面主槽平均水深,m;J 为河段平滩流量时的水面比降。

2)马卡维耶夫法

马卡维耶夫法是计算造床流量的方法之一,造床作用包括造床强度和作用历时两个方面,前者以表征水流输送泥沙能力的综合因子,以 $Q^m J$ 来表示;后者以流量出现的频率 P 表示。当 $Q^m JP$ 值最大时对应的流量即造床流量。其关系式可表示为

$$Q_{造} = f(Q^m、J、P) \tag{7-2}$$

式中:Q 为各级流量的平均值,m^3/s;J 为各级流量的相应比降;P 为各级流量出现的频率;m 为指数,由实测资料确定。

3)经验公式法

黄河水利科学研究院(简称黄科院,下同)统计了一些河流的平滩流量与汛期平均流量的关系为

$$Q_P = 7.7\overline{Q}_{汛}^{0.85} + 90\overline{Q}_{汛}^{\frac{1}{3}} \tag{7-3}$$

式中:Q_P 为平滩流量,m^3/s;$\overline{Q}_{汛}$ 为汛期平均流量,m^3/s。

2. 整治流量的复核

在《九五可研》中,主要采用平滩流量法,确定了沙坡头坝下至枣园河段为 2 500 m^3/s;青铜峡坝下至石嘴山大桥河段为 2 200 m^3/s。本次主要采用平滩流量法、马卡维耶夫法以及经验公式法对整治流量进行复核。

1)平滩流量法

根据黄河宁夏干流河段 1993 年、2011 年和 2012 年的实测大断面,利用式(7-1)计算沙坡头坝下至枣园和青铜峡坝下至石嘴山大桥河段的平滩流量。糙率由实测资料率定,比降由实测断面水边点求得。计算结果见表 7-15。

表 7-15　黄河宁夏干流各河段平滩流量复核

河段	《九五可研》成果	实测大断面计算结果		
		1993 年	2011 年	2012 年
沙坡头坝下至清水河口	2 940	2 470	2 470	2 670
清水河口至枣园	2 940	2 640	2 540	2 720
沙坡头坝下至枣园	2 940	2 570	2 520	2 680
青铜峡坝下至仁存渡	2 940	2 360	2 390	2 560
仁存渡至头道墩	2 460	2 190	2 160	2 350
头道墩至石嘴山大桥	2 460	2 270	2 080	2 220
青铜峡坝下至石嘴山大桥	2 460	2 270	2 200	2 350

《九五可研》的平滩流量是依据宁夏河段各水文站、水位站及实测大断面资料分析求得,本次研究则系统采用了 1993 年 5 月、2011 年 5 月和 2012 年 10 月的实测大断面资料进行复核,从复核结果分析,1993 年、2011 年计算的平滩流量均略小于《九五可研》的计算结果;2012 年由于汛期流量较大,主槽过流面积有所增加,各个河段的平滩流量较 2011 年增大 140～200 m^3/s。

2)经验公式法及马卡维耶夫法

表 7-16 为黄科院经验公式法和马卡维耶夫法计算的 1961～2012 年的多年平均平滩

流量,从计算结果分析,经验公式法计算的结果偏大,下河沿、青铜峡断面的平滩流量分别
为 4 470 m³/s 和 3 910 m³/s;马卡维耶夫法计算的下河沿、青铜峡断面平滩流量分别为
3 410 m³/s 和 2 920 m³/s。

表 7-16　宁夏河段整治流量计算成果 （单位:m³/s）

方法	断面	汛期平均流量				平滩流量			
		1961～1967 年	1968～1985 年	1986～2012 年	1961～2012 年	1961～1967 年	1968～1985 年	1986～2012 年	1961～2012 年
马卡维耶夫法	下河沿	2 460	1 590	1 030	1 330	3 430	3 340	1 380	3 410
	青铜峡	1 910	1 260	760	1 110	3 150	3 080	1 280	2 920
黄科院经验公式法	下河沿	2 460	1 590	1 030	1 330	7 100	5 110	3 710	4 470
	青铜峡	1 910	1 260	760	1 110	5 850	4 290	2 980	3 910

注:下河沿水文站为 1965～2009 年。

3)利用以往的规划成果复核整治流量

(1)《黄河流域综合规划》成果。

采用《黄河流域综合规划》的设计水沙系列,利用马卡维耶夫法及经验公式法计算得
下河沿断面的整治流量分别为 2 290 m³/s 和 4 300 m³/s,见表 7-17。

表 7-17　下河沿断面以往规划成果整治流量 （单位:m³/s）

方法	黄河流域综合规划	南水北调西线第一期工程项目建议书
马卡维耶夫法	2 290	2 710
经验公式法	4 300	4 190

(2)《南水北调西线第一期工程项目建议书》等研究成果。

《南水北调西线第一期工程项目建议书》《黄河黑山峡河段开发论证报告》中,考虑工
程情况为:南水北调西线及黑山峡水库 2030 年同时生效,考虑河道内增水 25.0 亿 m³。
采用 2011～2020 年的设计系列,利用马卡维耶夫法及经验公式法计算得下河沿的整治流
量分别为 2 710 m³/s 和 4 190 m³/s。

(3)刘家峡水库 2013 年汛期调度运用。

黄河勘测规划设计有限公司研究的《2013 年龙羊峡、刘家峡水库联合防洪调度方案
研究》成果中,预估临夏河段、兰州市农防河段、白银河段安全过洪流量分别为 2 500 m³/s、
2 900 m³/s 和 2 000～3 500 m³/s。根据黄河干流甘肃省河道过洪能力及水库防洪能力,
2013 年汛期龙羊峡水库水位在 2 594.00 m 以下时,刘家峡水库按 10 年一遇及以下洪水
下泄流量不超过 2 500 m³/s,兼顾甘肃河段防洪。该成果已通过黄河防汛抗旱总指挥部
的批复。

利用实测资料分析,平滩流量法及马卡维耶夫法计算的整治流量比较接近,经验公式法计算的结果偏大。从已有的规划成果分析,也是经验公式法计算的整治流量较大。

1986年以来,由于龙刘水库的调节,减小了汛期水量的比例及大流量出现的概率,增加了部分河段的主槽淤积,导致平滩流量有所减少,但整个宁夏河段存在部分冲刷、部分淤积的情况,整体来说《九五可研》确定的整治流量是合适的。另外,考虑到在龙羊峡、刘家峡进行全河调水调沙的预案中,宁夏河段的塑槽流量为2 200~2 500 m³/s。黑山峡水库修建后,利用西线调水,增加河道内的输沙用水量,进行龙羊峡、刘家峡、黑山峡三库联合调水调沙,宁夏河段的塑槽流量仍然为2 200~2 500 m³/s。

综上所述,采用实测大断面计算平滩流量的范围为2 200~2 700 m³/s,与《九五可研》基本一致。在目前不改变龙刘水库运用的前提下,为与过去的规划成果及已建工程相衔接,并考虑与今后全河调水调沙、西线工程塑造中水河槽作用、龙刘水库联合防洪调度方案以及远期的水沙条件等相协调,整治流量仍然采用《九五可研》的成果,沙坡头坝下至枣园为2 500 m³/s,青铜峡坝下至石嘴山大桥河段为2 200 m³/s。

7.5.1.2　整治河宽

整治河宽即河道经过整治后与整治流量相应的直河段的河槽宽度,即河道通过整治流量时,理想的水面宽度。由于河道整治工程仅在凹岸布置,凸岸为可冲的滩嘴,当大洪水通过时,主流走中泓,流线趋直,凸岸受冲,主槽扩宽,洪水能顺利通过。因此,整治河宽小于洪水时主槽宽度。

1. 整治河宽的计算方法

1)C. T. 阿尔杜宁稳定河宽关系

$$B = A \frac{Q^{0.5}}{i^{0.2}} \tag{7-4}$$

式中:B 为整治河宽,m;Q 为造床流量,m³/s;i 为平衡比降;A 为稳定河宽系数,与滩岸、河岸土质有关,A 值越大,河岸越不稳定,蜿蜒型河道 $A = 0.64 \sim 1.15$,游荡型河道 $A = 2.23 \sim 5.41$,过渡型河道 $A = 1.3 \sim 1.7$。

2)联解有关水力学方程

曼宁流速公式:

$$v = \frac{1}{n} h^{\frac{2}{3}} J^{\frac{1}{2}} \tag{7-5}$$

水流连续公式:

$$Q = Bhv \tag{7-6}$$

另外,河流经过长期的冲淤调整,沿程各断面的水力几何因子之间存在一定的河相关系,表示为

$$K = \frac{\sqrt{B}}{H} \tag{7-7}$$

将上述公式进行联解得

$$B = K^2 \left(\frac{Qn}{K^2 J^{0.5}} \right)^{\frac{6}{11}}$$ (7-8)

式中:B 为整治河宽,m;K 为河相系数;Q 为造床流量,m³/s;n 为造床流量所对应的糙率;J 为造床流量所对应的水面比降。

3)《泥沙设计手册》

涂启华、张俊华等统计分析河道和水库的河槽水力几何形态资料,进行概化。

整治河宽:

$$B = kQ^a$$ (7-9)

式中:B 为整治河宽,m;k 为系数;a 为指数。

当河床为沙质河床时,$k = 38.6$,$a = 0.31$;当河床为粗沙、砾、卵石河床,$k = 73.5$,$a = 0.22$。

4)类比模范河段法确定整治河宽

模范河段指通过河道整治,河势流路比较稳定的河段。根据整治河段的实际情况,若模范河段有水文站,根据水文年鉴中的实测流量成果表,点绘水面宽(B)与流量(Q)的关系,求出整治流量对应的水面宽。

5)实测大断面资料

利用实测大断面资料,点绘大洪水过后或不同时段的大断面图,统计历次主槽宽度及变化范围,确定整治河宽。

2. 利用实测大断面资料复核整治河宽

从宁夏河段的历次断面法冲淤量分析,1993 年 5 月至 2012 年 10 月,沙坡头坝下至枣园河段多年冲淤基本平衡,青铜峡坝下至石嘴山大桥河段呈微淤状态。从套绘的 1993 年 5 月至 2012 年 10 月的大断面图分析,主槽的冲淤变化主要表现为主槽平均淤积抬高或者冲刷降低,主槽宽度变化不大。因此,整治河宽仍然采用《九五可研》的成果。整治河宽沙坡头坝下至枣园河段为 300 m,青铜峡坝下至仁存渡河段为 400 m,仁存渡至头道墩河段为 500 m,头道墩至石嘴山大桥河段为 600 m。典型断面的套绘见图 7-32 ~ 图 7-35。

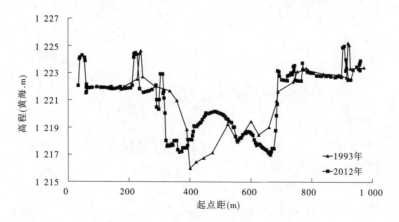

图 7-32　沙坡头坝下至枣园卫宁 5 断面

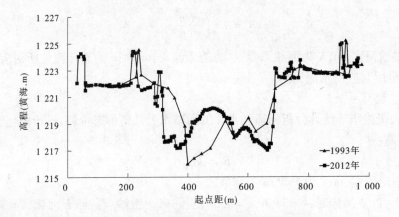

图 7-33　青铜峡坝下至仁存渡青石 9 断面

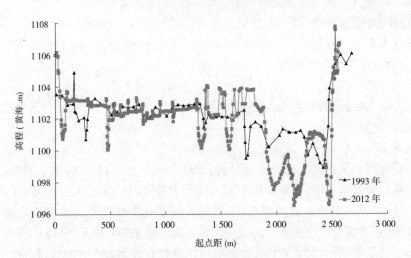

图 7-34　仁存渡至头道墩青石 25 断面

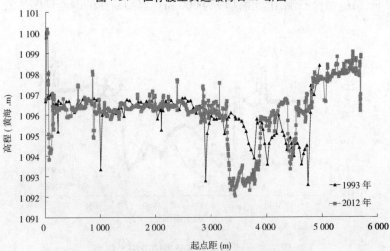

图 7-35　头道墩至石嘴山大桥青石 22 断面

7.5.1.3　排洪河槽宽度

大洪水时,水流漫滩,主流趋直,控导工程漫顶。为保证工程仍能控导主流,又不影响行洪,在确定新建工程位置时,左右岸之间的最小垂直距离必须满足排洪的要求,即两岸工程之间必须预留足够的宽度,以满足在大洪水时,河槽能宣泄大部分洪水。这个宽度称排洪河槽宽度,以 $B_{洪}$ 表示,见图 7-36。

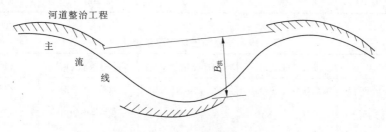

图 7-36　排洪河槽宽度示意图

1. 排洪河槽宽度的确定

排洪河槽宽度的确定,需要沿程洪水断面及相应的水沙因子等资料,由于整治河段洪水断面测验资料较少,一般采用水文站实测水文要素资料,根据整治河段的防洪标准对应的设计流量,分析历次设计流量主槽的平均河宽。另外,也可借鉴微弯型河道整治比较成功河段的整治河宽,综合分析确定。

2. 排洪河槽宽度的复核

参考黄河下游及宁夏河道新弓湾至跃进渠口、王老滩至梅家湾河段的整治成果,经统计分析,排洪河槽宽度为 2~3 倍整治河宽。满足大洪水行洪宽度的要求。

7.5.1.4　河湾要素

规划治导线各河湾的河湾要素应能代表天然情况下河流自然冲积所形成的弯道特征,自然情况下,随着河湾的发展,曲率变大,达一定程度后,自然裁弯取直,往复循环。另外,河湾发展的同时,又具有相对稳定性,在来水来沙及河道边界的共同作用下,虽然不同类型的河流以及同一类型河流的不同河段,河湾形态往往差别很大,但统计发现,具有某一外形的弯道,与其他弯道相比,具有更多的出现概率,且能维持更长的时间。因此,依据这些弯道的河湾要素确定治导线是比较合理的。由于目前河湾要素的计算还没有完善的理论可循,本次采用经验方法计算和实测资料分析相结合的方法,确定各河段的河湾要素。

里普莱认为当河湾曲率半径 R 与过水断面面积 A 之间满足 $R \geqslant 40\sqrt{A}$ 时,河湾弯道水流运动的规律性已不明显,因此正常河湾曲率半径的上限为 $R \geqslant 40\sqrt{A}$。将河相关系式 $K = \dfrac{\sqrt{B}}{H}$ (B 为整治河宽,m;H 为平滩流量对应的平均水深,m)代入后解得 $B = \dfrac{40B^{0.75}}{K^{0.5}}$,据此计算宁夏河段河湾曲率半径,成果见表 7-18。

另外,为与表 7-18 的计算结果做对比分析,统计了宁夏河段近时期靠河比较稳定的河湾要素,见表 7-19。

结合宁夏河段 20 世纪 70 年代以来的河势分析及规划治导线成果,本次研究中河湾要素一般控制在:

表7-18　宁夏河段河湾曲率半径计算成果

河段	整治河宽(m)	河相系数($\frac{\sqrt{B}}{H}$)	整治流量(m³/s)	曲率半径(m)
沙坡头坝下至枣园	300	6.3	2 500	1 146
青铜峡至仁存渡	400	7.0	2 200	1 350
仁存渡至头道墩	500	7.6	2 200	1 532

表7-19　宁夏河段河湾要素概化统计

河段	曲率半径(m)	中心角(°)	直河段长(m)	直河段宽(m)
沙坡头坝下至枣园	700~1 500	41~83	400~1 500	150~300
青铜峡至仁存渡	1 100~1 850	47~97	600~1 200	250~450
仁存渡至头道墩	1 500~2 300	62~80	750~4 200	400~700
头道墩至石嘴山大桥	1 900~2 800	66~81	500~700	250~1 100

$$R = (2 \sim 6)B$$
$$\varphi = 25° \sim 90°$$
$$L = (1 \sim 8)B$$
$$I = (4 \sim 10)B$$
$$P = (2 \sim 5)B$$
$$T = (9 \sim 17)B$$

式中:L为直河段长,m;I为河湾间距,m;P为河湾弯曲幅度;T为河湾跨度;其余符号意义同前。

对于某一具体的河湾,考虑其特殊的河床边界及特殊的整治任务(如取水、支流汇入等),结合具体情况,在满足控导主流的条件下,个别指标允许突破。

7.5.1.5　治导线的绘制

由整治河段的入口开始逐弯拟定,至整治河段的末端。

1. 弯道画法

第一个弯道画法,先分析上游的来溜方向,然后分析凹岸的边界条件及出溜方向,规划第一个弯道。若凹岸已有工程,则依据来溜及出溜方向,选取能充分利用已有工程的段落,规划第一个弯道。

2. 弯道作图

选取弯道半径进行适线,绘出弯道凹岸治导线,并使圆弧尽量多地与现状工程的坝头或滩岸线相切;根据设计河宽,缩短弯曲半径,绘出与其平行的另一条弧线。

3. 直线段画法

确定第二个弯顶位置,并绘出第二个弯道治导线,作一公切线把上弯的凹(凸)岸治导线与下弯凸(凹)岸治导线连接,此切线长度即直线段长度。

4. 设计治导线的合理性分析

治导线设计完毕后,应分析各弯道的平面形态、上下弯道的关系、控导溜势的能力等;设计治导线成果还要与天然河道的统计资料做对比分析,以论证设计治导线的合理性。治导线不是一成不变的,对每一阶段,都应该根据新情况,对治导线进行不断完善,使之更趋合理。

7.5.2　微弯型整治方案规划治导线修订

7.5.2.1　规划治导线的修订原则

宁夏河段自 1998 年开展微弯型整治以来,在工程布点已经完成、工程长度、布置形式、坝垛结构较好的河段,河势基本得到了控制;但仍有部分河段的河势未得到有效控制。依据上述各河段确定的整治方案,对原规划治导线进行修订,原则如下:

(1)对河势控制较好的河段,依据工程对河势的适应性,对弯道中心角、曲率半径进行适当调整,满足迎送溜的要求。

(2)对河道工程布局不完善的河段,弯道设置要充分利用现有工程、节点及高滩坎等,以减少工程量、节省投资。弯道布局要合理,曲率半径和中心角要适中。

(3)弯道设置要充分考虑上下游、左右岸的相互影响及工程的修建条件,要便于抢险和维修。

(4)支流入汇处,应充分考虑干支流流路的协调,防止由于支流入汇而干扰破坏规划流路的现象发生。

7.5.2.2　规划治导线的修订

根据设计的治导线参数,在满足河道整治总目标的前提下,以《九五可研》报告确定的治导线为基础,结合近期、2012 年洪水期的河势变化情况及工程建设的实际情况,在微弯型方案的整治河段,对治导线进行修订。

1. 沙坡头坝下至仁存渡河段

该河段整治河长 114.8 km,规划弯道 23 个,弯道半径一般为 600 ~ 2 684 m;最大的是倪滩湾,为 2 684 m;最小的是冯庄湾,为 600 m。直河段长一般为 332 ~ 2 652 m,最长的为新弓湾至枣林湾,长 2 652 m;犁铧尖至蔡家河口最短,为 332 m。中心角一般为 22° ~ 81°,最大的是仁存渡湾,为 81°;最小的是跃进渠口湾,为 22°。泉眼山以上河道较窄,河道顺直,弯道曲度较小,泉眼山以下河道较宽,弯曲幅度明显增大。

2. 仁存渡至头道墩河段

该河段整治河长 69.2 km,规划河湾 12 个,弯道半径一般为 1 000 ~ 2 870 m,最大的是南方湾,为 2 870 m;最小的是沙坝头湾,为 1 000 m。直河段长度一般为 806 ~ 6 206 m,最长的为陶灵公路至关渠,长 6 206 m;最短的为通贵至陶灵公路,长 806 m。中心角一般为 18° ~ 73°,最大的是南方湾,为 73°;最小的是冰沟湾,为 18°。该河段系沙质河床,河道较宽,河湾幅度及直河段长度均有增加。个别河段受台地控制,多年河势较稳,故直河段较长。

3. 头道墩至石嘴山大桥河段

该河段整治河长 82.8 km,规划河湾 16 个,弯道半径一般为 1 025 ~ 2 700 m,最大的是都思兔河湾,为 2 700 m;最小的是礼和湾,为 1 025 m。直河段长度一般为 360 ~ 4 970 m,最长的为统一至三棵柳,长 4 970 m;最短的为巴音陶亥至三排口,长 360 m。中心角一般为 22° ~ 91°,最大的是下八顷湾,为 91°;最小的是三棵柳湾,为 22°。该河段右岸多受台地控制,左岸为低滩,台地前修有护岸工程。拟定治导线时着重考虑利用台地或工程形成的河湾。因该段为游荡型河段,河湾跨度、幅度均较上游河段大。

各弯道规划治导线修订前后对比见表7-20,规划治导线成果见表7-21。

表7-20　宁夏河段规划治导线修订对比

河段	序号	弯道名称	近期可研规划成果			本次研究成果		
			曲率半径 R(m)	中心角 φ(°)	直河段长 L(m)	曲率半径 R(m)	中心角 φ(°)	直河段长 L(m)
沙坡头坝下至仁存渡	1	水车村	850	28	700	就岸防护		
	2	李家庄	1 250	56	400			
	3	张滩	980	64.5	200			
	4	沙家庄	800	32	870			
	5	新弓湾(太平渠)	680	74	745	720	53	2 652
	6	大板湾	1 500	27	0	工程取消		
	7	城郊西园	1 800	24	420			
	8	枣林湾(寿渠)	1 150	69	910	1 150	62	1 104
	9	新墩	1 550	52	1 200	1 269	48	1 645
	10	倪滩	2 960	45	1 000	2 430	18	0
						2 684	26	1 047
	11	双桥	1 440	34	830	1 450	34	808
	12	七星渠口	930	39	1 950	1 190	39	2 197
	13	杨家湖(莫楼)	910	48	580	637	49	1 305
	14	刘湾八队(申滩)	1 270	35	710	800	40	516
	15	阎庄(新庙)	690	51	1 100	600	57	859
	16	永丰五队	1 600	52	2 400	1 600	55	1 261
	17	跃进渠口	1 890	24.5	1 400	1 998	22	0
	18	许庄	930	31.5	620	就岸防护		
	19	福堂	1 210	22	620			
	20	沙石滩	1 310	32	530			
	21	凯歌湾	1 020	53	2 380			
	22	何营	1 270	28	2 740			
	23	旧营	1 530	15	700			
	24	郭庄	1 240	44	628			
	25	马滩	945	48	857			
	26	黄羊湾	1 290	47	980	1 088	44	1 266
	27	泉眼山	1 763	78.6	1 060	1 763	76	1 057
	28	金沙沟	1 888	39	916	1 887	39	916
	29	田滩	1 636	35	710	1 636	35	707
	30	石空湾(张台)	1 714	57	800	就岸防护		
	31	康滩	1 072	45	0			
		康滩	700	36	500			
	32	倪丁(北营)	680	80	590			
	33	中宁大桥	1 000	36	1 450			
	34	黄庄	1 210	33	820			
	35	营盘滩	1 450	55	1 200			
	36	张庄	1 470	59	900			
	37	长家滩	1 700	67.5	630			
	38	陆庄(董庄)	1 420	42	730			
	39	红柳滩	1 470	42	1 740			
	40	高山寺	1 660	68	后接青铜峡库区			

续表 7-20

河段	序号	弯道名称	近期可研规划成果			本次研究成果		
			曲率半径 R(m)	中心角 φ(°)	直河段长 L(m)	曲率半径 R(m)	中心角 φ(°)	直河段长 L(m)
沙坡头坝下至仁存渡	41	王老滩	1 330	54.1	1 727	1 330	54	1 677
	42	细腰子拜	1 800	58.1	606	1 800	63	766
	43	犁铧尖	820	51	418	895	56	332
	44	蔡家河口（河管所）	1 115	62	640	900	63	661
	45	侯娃子滩	1 100	72	1 580	1 100	73	1 531
	46	梅家湾（秦坝关）	1 515	38	1 550	1 501	23	0
						1 090	12	2 087
	47	柳条滩	1 950	35	2 030			
	48	罗家湖	1 800	54	1 020			
	49	陈元滩	1 570	40	940			
	50	古城	1 560	48	2 340	就岸维护		
	51	华三	1 940	25	1 540			
	52	光明	950	40.3	424			
	53	苦水河口	1 440	27	870			
	54	唐滩(叶盛桥)	2 170	29	1 250			
	55	种苗场	1 600	70	1 270	1 557	76	915
	56	仁存渡	1 780	64	2 050	1 781	81	2 230
仁存渡至头道墩	57	沙坝头	1 900	51	1 170	1 000	71	1 662
	58	南方	2 870	70	1 100	2 870	73	1 822
	59	史壕林场	1 800	48	2 110	1 185	43	2 570
	60	东河	2 270	53	3 980	1 800	46	3 830
	61	北滩	2 500	69	880	2 500	64	0
	62	东升	1 950	64.2	3 350	就岸维护		
	63	临河堡	1 710	32	1 630			
	64	永干沟口	2 170	41.6	2 300			
	65	金水	2 150	44	2 370			
	66	城建农场	2 020	56.6	3 375	就岸维护		
	67	灵武园艺场	1 740	27.5	2 030			
	68	绿化队	2 000	32	1 640			

续表 7-20

河段	序号	弯道名称	近期可研规划成果			本次研究成果		
			曲率半径 $R(m)$	中心角 $\varphi(°)$	直河段长 $L(m)$	曲率半径 $R(m)$	中心角 $\varphi(°)$	直河段长 $L(m)$
仁存渡至头道墩	69	冰沟	1 830	43	1 500	1 830	18	1 402
	70	通贵	1 700	57	950	1 700	54	806
	71	陶灵公路	1 250	79	940	2 000	72	6 206
	72	七一沟	1 850	46	1 200	工程取消		
	73	陶乐农牧场	1 800	70	1 240			
	74	关渠	2 000	90	1 330	2 000	61	986
	75	月牙湖（吊庄渡槽）	2 500	34	2 100	2 500	34	2 424
	76	京星农场	2 260	59	2 080	2 260	59	2 093
	77	头道墩	2 000	49	2 600	2 000	57	1 699
头道墩至石嘴山大桥	78	民乐电排	2 500	30	1 620	2 560	44	1 749
	79	下八顷	1 300	85	2 200	1 300	91	2 124
	80	四排口	2 100	90	2 520	2 090	90	2 598
	81	六顷地	2 200	55	1 770	2 200	43	0
	82	五香五支沟	2 200	80	1 880	就岸维护		
	83	东来点	2 085	73.5	2 010			
	84	永光	1 500	91	1 440			
	85	黄土梁扬水	3 000	53.8	1 030			
	86	邵家桥	2 100	42	1 050	1 600	75	3 253
	87	北崖	2 220	102	830	2 210	85	2 936
	88	统一	2 100	95	1 290	1 470	61	4 970
	89	三棵柳	1 850	62	1 300	1 530	22	2 086
	90	东灵二队	2 400	47	1 400	工程取消		
	91	红崖子扬水	2 800	54	2 680	1 270	27	3 566
	92	礼和	3 270	27	3 130	1 025	57	1 431
	93	都思兔河口	2 300	92	2 350	2 700	75	1 287
	94	惠农农场	2 250	81	1 020	2 150	78	1 696
	95	巴音陶亥1	1 850	85	1 250	1 900	71	1 943
	96	市农场局	2 350	86	1 270	2 500	72	1 419
	97	巴音陶亥2	2 300	76	1 300	2 400	72	360
	98	三排口	2 500	54	250	2 500	55	0

表 7-21　宁夏河段规划治导线参数统计

河段	序号	弯道名称	曲率半径 R(m)	中心角 φ(°)	直河段长 L(m)	R/B	L/B	岸别	整治河宽(m)
沙坡头坝下至仁存渡	1	新弓湾(太平渠)	720	53	2 652	2.40	8.84	左岸	300
	2	枣林湾(寿渠)	1 150	62	1 104	3.83	3.68	右岸	300
	3	新墩	1 269	48	1 645	4.23	5.48	左岸	300
	4	倪滩	2 430	18	0	8.10	0.00	右岸	300
			2 684	26	1 047	8.95	3.49		
	5	双桥	1 450	34	808	4.83	2.69	左岸	300
	6	七星渠口	1 190	39	2 197	3.97	7.32	右岸	300
	7	杨家湖(夹渠)	637	49	1 305	2.12	4.35	左岸	300
	8	刘湾八队(申滩)	800	40	516	2.67	1.72	右岸	300
	9	冯庄(新庙)	600	57	859	2.00	2.86	左岸	300
	10	永丰五队	1 600	55	1 261	5.33	4.20	右岸	300
	11	跃进渠口	1 998	22	0	6.66	0.00	左岸	300
	12	黄羊湾	1 088	44	1 266	3.63	4.22	左岸	300
	13	泉眼山	1 763	76	1 057	5.88	3.52	右岸	300
	14	金沙沟	1 887	39	916	6.29	3.05	左岸	300
	15	田滩	1 636	35	707	5.45	2.36	右岸	300
	16	王老滩	1 330	54	1 677	3.33	4.19	左岸	400
	17	细腰子拜	1 800	63	766	4.50	1.92	右岸	400
	18	犁铧尖(犁铧尖)	895	56	332	2.24	0.83	左岸	400
	19	蔡家河口(河管所)	900	63	661	2.25	1.65	右岸	400
	20	侯娃子滩	1 100	73	1 531	2.75	3.83	左岸	400
	21	梅家湾(秦坝关)	1 501	23	0	3.75	0.00	右岸	400
			1 090	12	2 087	2.73	5.22		
	22	种苗场	1 557	76	915	3.89	2.29	右岸	400
	23	仁存渡	1 781	81	2 230	4.45	5.58	左岸	400

续表 7-21

河段	序号	弯道名称	曲率半径 $R(m)$	中心角 $\varphi(°)$	直河段长 $L(m)$	R/B	L/B	岸别	整治河宽(m)
	24	沙坝头	1 000	71	1 662	2.00	3.32	右岸	500
	25	南方	2 870	73	1 822	5.74	3.64	左岸	500
	26	史壕林场	1 185	43	2 570	2.37	5.14	右岸	500
	27	东河	1 800	46	3 830	3.60	7.66	左岸	500
	28	北滩	2 500	64	0	5.00	0.00	右岸	500
仁存渡	29	冰沟	1 830	18	1 402	3.66	2.80	右岸	500
至头道	30	通贵	1 700	54	806	3.40	1.61	左岸	500
墩	31	陶灵公路	2 000	72	6 206	4.00	12.41	右岸	500
	32	关渠	2 000	61	986	4.00	1.97	左岸	500
	33	月牙湖（吊庄渡槽）	2 500	34	2 424	5.00	4.85	右岸	500
	34	京星农场	2 260	59	2 093	4.52	4.19	左岸	500
	35	头道墩	2 000	57	1 699	4.00	3.40	右岸	500
	36	民乐电排	2 560	44	1 749	4.27	2.92	左岸	600
	37	下八顷	1 300	91	2 124	2.17	3.54	右岸	600
	38	四排口	2 090	90	2 598	3.48	4.33	左岸	600
	39	六顷地	2 200	43	0	3.67	0.00	右岸	600
	40	邵家桥	1 600	75	3 253	2.67	5.42	左岸	600
	41	北崖	2 210	85	2 936	3.68	4.89	右岸	600
	42	统一	1 470	61	4 970	2.45	8.28	左岸	600
头道墩	43	三棵柳	1 530	22	2 086	2.55	3.48	右岸	600
至石嘴	44	红崖子扬水	1 270	27	3 566	2.12	5.94	右岸	600
山大桥	45	礼和	1 025	57	1 431	2.50	6.88	左岸	600
	46	都思兔河口	2 700	75	1 287	4.50	2.15	右岸	600
	47	惠农农场	2 150	78	1 696	3.58	2.83	左岸	600
	48	巴音陶亥 1	1 900	71	1 943	3.17	3.24	右岸	600
	49	市农场局	2 500	72	1 419	4.17	2.37	左岸	600
	50	巴音陶亥 2	2 400	72	360	4.00	0.60	右岸	600
	51	三排口	2 500	55	0	4.17	0.00	左岸	600

附录　黄河宁夏干流河段河道整治工程简介

截至2012年,宁夏河段现状河道整治工程共83处,工程长108.158 km,坝垛1 177道,其中控导工程57处,工程长71.750 km,坝垛745道;险工26处,工程长36.407 km,坝垛432道。为便于读者了解宁夏河段河道整治工程建设的历史沿革、分布及规模等情况,介绍如下。

1　控导工程

1.1　沙坡头坝下至仁存渡河段

1.1.1　左岸控导工程

1.1.1.1　中卫市新弓湾控导工程

工程位于河道左岸堤防桩号3 +000 ~ 4 +000处。工程修建于1999年,截至2012年工程长950 m,坝垛18道。

《九五可研》规划布置坝垛20道,利用老坝垛2道,工程长1 950 m。1992年以前,河道为三汊过流,左汊过流量较大,中、右汊过流量较小,造成左岸大堤临水线长,威胁大堤安全及稳定。1992年以后,因主支汊兴衰消长,河心滩交替变化,左汊逐渐萎缩,中汊过流逐渐增大趋直,河势下挫,水流顶冲工程下游左岸堤防,堤防一旦失事,淹没范围涉及中卫市沙坡头城区段和大片的农田、村舍及基础设施,防洪形势严峻。1998年根据规划治导线修建5道丁坝(1#、3#、9#、10#)、加固利用1座人字垛(8#)、1段平顺护岸(7#、长178 m)。由于导流段尚未安排工程,主流坐弯加剧,滩岸坍塌严重。为了确保堤防安全,在近期防洪工程建设中在3#丁坝与7#护岸间布设垛式护岸,建成了3座人字垛(4# ~ 6#)。

近期防洪工程建设指《黄河宁夏河段近期防洪工程建设可行性研究》(2009年),近期安排的工程均调整了原规划工程布置(微弯型整治方案布置的工程),采用平顺护岸和垛式护岸为主、丁坝为辅的形式。

1.1.1.2　中卫城郊控导工程

工程位于河道左岸WN4断面下游500 m处,在新弓湾至枣林湾的直河段中部,作为直河段的控导护滩工程。工程修建于1998年以前,截至2012年,工程长660 m,坝垛8道。

《九五可研》规划坝垛10道,利用老坝垛2道,工程长650 m。新弓湾工程实施后,送溜能力加强,溜势直接入下游右岸的枣林湾弯道,《九五可研》规划的工程未实施,现工程已脱河。

1.1.1.3　中卫市双桥控导工程

工程位于河道左岸堤防桩号19 +000 ~ 20 +220处,中卫柔远乡的双桥村。工程修建于2005年,截至2012年,工程长1 600 m,坝垛9道。

《九五可研》规划坝垛12道,利用老坝垛3道(1#、2#、4#),工程长1 100 m。工程处由于受右岸三个窑山洪沟洪水的顶冲及挟带大量的冲积物,将主流挤向左岸,水流直接顶冲左岸堤防,并曾冲决堤防约 500 m。同时,造成右岸下游七星渠引水口脱溜。为防止水流顶冲堤防和毁堤塌田,规顺河势,改善七星渠引水条件。2005 年加固了 1#、4# 丁坝,新建 3# 丁坝,但因工程不完善,工程处水流淘冲岸滩依然严重。2012 年汛后,主流距堤防仅 60 m。

1.1.1.4　中卫市杨家湖(莫楼)控导工程

工程位于河道左岸老堤防 WN 桩号 22 + 740 ~ 24 + 150。工程修建于 2009 年,截至 2012 年,工程长 1 359.7 m,坝垛 6 道。

《九五可研》规划坝垛 8 道,利用老坝垛 2 道,工程长 650 m。工程处受右岸阴洞梁沟洪水的顶托,山洪沟冲积物逐步北移,将主流挤向左岸,水流直接顶冲北岸堤防,将大片滩地塌入河中,堤防距左岸水边最近处不足 10 m。2008 年汛期水流冲毁堤防 140 m,抢险修建了 20 m 的护岸,丁坝 2 道(9#、10#)、人字垛 1 座(12#)。近期防洪工程建设中调整了工程布置,利用已建 2 座人字垛(5#、8#)、2 道丁坝(9#、10#);修建人字垛 5 道(1#、3#、5# ~ 7#)、平顺护岸 2 段(4#、11#)。2012 年洪水期间,河势下挫严重。

1.1.1.5　中卫市新庙(冯庄)控导工程

工程位于河道左岸堤防 WN 桩号 26 + 000 ~ 27 + 000。工程修建于 20 世纪 90 年代,截至 2012 年,工程长 2 145.5 m,坝垛 25 道。

《九五可研》规划坝垛 18 道,利用老坝垛 5 道,工程长 1 900 m。工程所处河分为多汊,左汊水流直接顶冲滩岸,岸坡坍塌严重,近 700 m 临河堤段面临冲决威胁。20 世纪八九十年代曾在 7# ~ 10# 位置处先后修建 5 道坝垛,现已损毁严重。近期防洪工程建设修建护岸 1 段(1#)、丁坝 5 道(2# ~ 6#)。2012 年洪水期间,河势上提严重。

1.1.1.6　中卫市跃进渠口控导工程

工程位于河道左岸现堤防 WN 桩号 30 + 000 ~ 31 + 000,跃进渠引水口的上游。跃进渠设计引水流量 24.0 m³/s,除承担跃进渠灌区 18.5 万亩耕地的灌溉任务外,还承担西夏渠沿线工农业及生态用水任务。工程修建于 2000 ~ 2012 年,截至 2012 年工程长 1 613 m,坝垛 20 道。

《九五可研》规划坝垛 7 道,其中利用老坝垛 1 道(12#),工程长 1 800 m,未实施。近年来,为了保证跃进渠引水,通过工程措施,使左汊过流加大,水流冲刷,堤坡滑塌。2000年以后安排修建 2 道丁坝(5#、6#)、1 座人字垛(7#),暂时缓解了堤防冲决的险情。近期防洪工程建设修建 4 座人字垛(1# ~ 4#),维修加固 5# 坝。

1.1.1.7　中卫市福堂控导工程

工程位于河道左岸跃进渠引水口下游,现堤防 WN 左 30 + 000 ~ 34 + 000。工程修建于 1998 年以前,截至 2012 年,工程长 620 m,坝垛 6 道。

《九五可研》规划坝垛 13 道,工程长 800 m。工程前河分为两汊,左岸汊道水流冲刷塌岸严重。"九五"期间修建了 1 座人字垛(2#)和 1 道丁坝(3#)。

1.1.1.8　中卫市凯歌湾控导工程

工程位于河道左岸现堤防 WN 桩号 37 + 000 ~ 38 + 500,紧邻胜金五队村庄,距下游中宝铁路 1.5 km。工程修建于 1998 年以前,截至 2012 年,工程长 820 m,坝垛 12 道。

《九五可研》规划坝垛13道,工程长1 300 m。河在工程上游分为三汊,其中左岸支汊水流顶冲塌岸严重。2008年造成约60.0 m堤防塌毁,当地防洪安全和村民出行受到严重影响,群众上访不断。"九五"期间修建了5道丁坝;近期防洪工程建设中又安排在弯道顶冲段新建4#垛、5#丁坝,加固1#、3#、6#坝以及新建潜坝1道,工程长度290.0 m。

1.1.1.9 中宁县黄羊湾控导工程

工程位于河道左岸堤防桩号45 +000 ~ 47 +000。工程修建于1998 ~ 2002年,截至2012年,工程长2 103 m,坝垛20道。

《九五可研》规划坝垛15道,其中加固利用老坝垛4道(1#、4# ~ 6#),工程长1 400 m。工程所处河段河势散乱、分汊,工程前河分为两汊,左汊支流冲刷滩岸。工程下游右岸建设有固海扬水提灌站,为保证引水,2000年对4# ~ 6#丁坝进行了加固,并新建2#、3#丁坝迎溜入湾,送溜段依滩岸走向布设了7# ~ 10#丁坝,将主流送入右岸的泉眼山泵站。近年来来水量大幅减少,河道淤积、河心滩密布,为满足泵站引水的需要,在左岸支汊修建一道锁坝,将支汊堵死,锁坝长214.0 m、顶宽8.0 m。为避免固海泵站及水源泵站滩岸的冲刷,在泵站上下游分别修建了327 m和377 m的护岸,送溜段布设了1# ~ 8#丁坝,将主流送入金沙沟弯道。

2002年,为使黄羊湾上下弯治导线平顺连接,布设坝垛10道,其中新建6道、加固利用现有坝垛4道;为解决泉眼山引水困难问题,在河心滩开挖引河,疏浚河道,在左岸延长10#丁坝,中小水时锁坝不过流,大水时漫坝行洪。为彻底解决泉眼山的引水问题,2006年续建黄羊湾控导工程,新建11#、12#丁坝,开挖引河358.8 m,疏浚河道294.6 m,将主流导向右岸。2012年,工程末端丁坝已不靠溜。

1.1.1.10 中宁县金沙沟控导工程

工程位于河道左岸堤防桩号50 +000 ~ 51 +600,太中银铁路桥、余丁渡口下游,金沙沟从8#和9#人字垛中间汇入黄河。工程修建于2000年,截至2012年,工程长1 800 m,坝垛27道。

《九五可研》规划坝垛15道,其中利用老坝垛11道,工程长1 300 m。1996 ~ 2000年先后建成1# ~ 3#、7#、11#丁坝,加固8# ~ 10#人字垛,2000年以后建成4#丁坝。工程位于太中银铁路大桥下游左岸,2011年桥梁修建后,河沿着左岸下行,水流淘刷滩岸严重,大片耕地和护岸林塌入河中,已建成的老堤防大部分也已塌陷,最窄处堤顶宽不足0.5 m。

1.1.1.11 中宁县太平控导工程

工程位于河道左岸堤防桩号60 +400 ~ 61 +700,在张义沟入黄口的下游。工程修建于1998 ~ 2002年,截至2012年工程长1 360 m,坝垛17道。

工程位于青铜峡库尾上游,受库尾侵蚀基面抬升的影响,河床宽浅、散乱,汊道众多,左岸主汊冲刷塌岸严重。

1.1.1.12 中宁县高山寺控导工程

工程位于河道左岸堤防桩号72 +000 ~ 75 +600。工程修建于20世纪90年代,截至2012年,工程长1 350 m,坝垛18道。

《九五可研》规划坝垛23道,其中利用老坝垛8道,工程长2 200 m。工程位于青铜峡库尾,受库尾侵蚀基面抬升的影响,河床宽浅、汊道众多。20世纪90年代初主汊靠左岸,岸滩冲刷严重,先后修建了 12 道丁坝,最后一个垛靠堤修建。受左汊水流顶冲,2012 年部分岸线已塌至堤脚附近,威胁堤防安全。

1.1.1.13 中宁县渠口农场(新渠稍)控导工程

工程位于河道左岸渠口退水沟的下游。工程修建于 2002 年,截至 2012 年,工程长 500 m,坝垛 8 道。工程处多年靠溜,水流冲刷岸滩严重,2002 年修建 2 座丁坝(1#、3#)。近期已建护堤工程受水流冲刷,滩岸已塌至堤脚,威胁堤防安全。

1.1.1.14 青铜峡市王老滩控导工程

工程位于青铜峡水利枢纽坝下左岸 1.0 km,青铜峡河西总干渠 1# 退水闸处的滩地,河西总干渠承担着青铜峡灌区 375.0 万亩农田灌溉输水任务,1# 退水闸担负着总干渠的退水;王老滩又是青石段的第一个河湾,它的稳定对下游河势及流路至关重要。工程修建于 1998 ~ 2002 年,截至 2012 年,工程长 1 177 m,坝垛 10 道。

《九五可研》规划坝垛 17 道,其中退水闸上游 4 道人字垛,退水闸下游 8 道丁坝、5 座人字垛,工程长 1 100 m。由于青铜峡水库拉沙及青铜峡黄河铁桥对河势的影响,造成退水闸上、下游水流坐弯严重,部分农田及灌溉渠道塌入河中,危及王老滩七队村庄安全。"十五"和"十一五"期间先后修建 1# ~ 3# 人字垛、加固 4# 人字垛、新建 5# ~ 9# 丁坝及护岸工程。近期防洪工程修建了 10# 人字垛和 1 段 402 m 平顺护岸(11#)。

对 2011 年、2012 年的工程靠溜情况分析,2011 年为小水,河势入湾较好,工程全部着溜;2012 年为中水偏大,青铜峡最大流量为 3 470 m³/s,大于平滩流量,水流出库区后,沿着左岸下行入王老滩工程上首,而后河势居中下行,弯道适应能力强。

1.1.1.15 青铜峡市犁铧尖控导工程

工程位于河道左岸堤防桩号 4 + 500 ~ 5 + 600。工程修建于 1998 年以前,截至 2012 年,工程长 100 m,坝垛 1 道。

《九五可研》规划坝垛 11 道,工程长 1 000 m。由于种种原因,仅实施 1 道坝。由于工程较短,工程下游水流淘刷坐弯缓慢后退。工程处 2013 年修建了国道 211 线古窑子至青铜峡公路黄河大桥,作为修建大桥的补偿工程,修建了 3 道丁坝(10# ~ 12#)。2012 年洪水期间,河势下挫,水流淘刷滩岸严重。

1.1.1.16 青铜峡市侯娃子滩控导工程

工程位于河道左岸青铜峡市中滩乡中庄村,青铜峡坝下约 8.0 km 处。工程修建于 1998 年以前,截至 2012 年,工程长 1 094 m,坝垛 12 道。

《九五可研》规划坝垛 14 道,工程长 1 350 m。依据规划,1999 年依现状滩岸走向修建 10# ~ 14# 人字垛,加固 15# 人字垛,新建 16# ~ 19# 丁坝。工程修建后,治理效果明显,河势基本得到控制。

工程修建后,弯道靠溜较好,由于工程迎送溜长度较短,工程上下游水流淘冲塌岸严重,危及堤防及已建工程安全。近期防洪工程建设安排在 10# 人字垛上游,修建平顺护岸 1 段(9#),长 190 m,并利用防汛资金建设了 7# ~ 8# 人字垛。2011 年、2002 年工程全线着溜,主流顶冲左岸弯道。

1.1.1.17 青铜峡市柳条控导工程

工程位于河道左岸青铜峡市陈袁乡中庄村。工程修建于 1998 年以前,截至 2012 年,工程长 2 087.9 m,坝垛 7 道。

《九五可研》规划坝垛 14 道,利用老坝垛 1 道,工程长 1 350 m。工程前河段分两汊,左岸主汊冲刷滩岸,临近堤防,威胁堤防安全。近期防洪工程建设修建了 2 段平顺护岸(1#~2#,2 030 m)、1 道丁坝(3#)。由于工程长度不足,2012 年汛期河势下挫,主汊顶冲左岸下游岸线,堤防安全存在较大隐患。

1.1.1.18 青铜峡市陈袁滩控导工程

工程位于河道左岸青铜峡市陈袁滩乡附近,老堤防桩号 19 + 450 处。工程修建于1998 年以前,截至 2012 年,工程长 1 237 m,坝垛 11 道。

陈袁滩面积为 56.18 万 m²,为砂卵河心石滩,抗冲刷能力较强,除 1981 年洪水外(青铜峡站 5 980 m³/s),至今洪水未上过滩。滩面平均高程为 1 120.0 m,滩中间局部高程达到 1 121.5 m 以上。

《九五可研》规划坝垛 20 道,利用老坝垛 5 道,工程长 1 700 m。工程前陈袁滩将河道分为两汊,主流在右汊。20 世纪 80 年代末至 90 年代初,上游龙羊峡水库、刘家峡水库生效初期,左岸汊河过流比例较大。随着水库的运行调节,下泄大流量减少,左岸汊流逐渐淤积,过水面积不断减小;右岸汊流发生了冲刷,过水面积增大。

2007 年海南中和(集团)有限公司投资 11 亿元在上游河心滩及周边开发建设陈袁滩塞上江南生态公园,它是一座以突出黄河文化、穆斯林文化、古灵州文化为底蕴,集生态、旅游、园林、休闲、娱乐、观光、高端交流为一体的大型综合性生态公园。通过四架索桥与堤外连接。

陈袁滩塞上江南生态公园修建后,河势逐步趋于稳定,大约 80% 的水流从右汊通过。2010 年完成的黄河吴忠(青铜峡)市城区段综合治理工程中对此段工程进行了调整,13#人字垛以上根据治导线和现在岸线全部改为平顺护岸,保留 13#~18# 人字垛,为了城市景观要求,对护坡材料进行更换,18# 人字垛以下也采用平顺护岸,护岸长度至石中高速公路桥下 1.0 km 处。

1.1.1.19 青铜峡市杨家滩—光明控导工程

工程位于河道左岸叶盛黄河公路桥上游 1.5 km 处,现大堤桩号 25 + 800 ~ 27 + 100。工程修建于 1998 年以前,截至 2012 年,工程长 650 m,坝垛 13 道。

《九五可研》规划坝垛 10 道,工程长 910 m。该河道较窄,平均宽 300 ~ 400 m,叶盛黄河公路桥修建于 1973 年,桥上游有一较大的河心滩,将河分为两汊,左岸主汊顶冲滩地,岸线后退严重。1999 ~ 2000 年在水流顶冲点先后修建 11#~14# 丁坝。2012 年汛后,工程上首水流淘刷,岸线不断后退。

1.1.1.20 青铜峡市唐滩(叶盛桥)控导工程

工程位于河道左岸现堤防桩号 28 + 500 ~ 30 + 500。工程修建于 1998 年以前,截至2012 年,工程长 440 m,坝垛 10 道。

《九五可研》规划坝垛 22 道,利用老坝垛 8 道,工程长 2 000 m。工程位于叶盛黄河大桥下游 1.5 km 处,工程前河道逐渐展宽,心滩发育,左右两汊过流量基本相当。2012 年受左汊水流顶冲,左岸滩地岸线后退明显,距堤脚最近处已不足 60 m。

1.1.2 右岸控导工程

1.1.2.1 中卫市大板湾控导工程

工程位于河道右岸老堤防桩号 3 + 500 处,与左岸的城郊工程遥相呼应,作为直河段的控导护滩工程。工程修建于 1998 年以前,截至 2012 年,工程长 260 m,坝垛 3 道。

《九五可研》规划坝垛 10 道,利用老坝垛 3 道,工程长 700 m。新弓湾工程实施后,送溜能力加强,溜势可直接入下游右岸的枣林湾弯道,《九五可研》规划的工程未实施,现工程已脱河。

1.1.2.2 中卫市申滩(刘湾八队)控导工程

工程位于河道右岸阴洞梁沟下游约 1.5 km,现堤防 WN 桩号 24 + 000 ~ 25 + 300。工程修建于 1998 年以前,截至 2012 年,工程长 1 035 m,坝垛 11 道。

《九五可研》规划坝垛 9 道,利用老坝垛 2 道,工程长 700 m。工程上游左岸杨家湖工程受右岸阴洞梁沟冲积物堆积的影响,将主河槽推向左岸,而后水流折向右岸顶冲刘湾八队控导工程。2008 年曾造成近 60 m 堤防塌坡出险,堤宽仅剩 1.0 m,后经及时抢险维修加固,才避免堤防被冲决。2009 年修建 7# 丁坝;2010 年应急整治实施 8# 丁坝;近期防洪工程建设,修建人字垛 3 座(1# ~ 3#)、平顺护岸 2 段(4#、5#)、丁坝 1 道(6#)。2012 年汛期,由于水流淘刷,有近 700 m 长堤防临河受冲,河势上提,岸线冲刷坍塌严重。

1.1.2.3 中卫市永丰五队控导工程

工程位于河道右岸永丰村,现堤防 WN 桩号 26 + 000 ~ 28 + 400。工程修建于 1998 年以前,截至 2012 年,工程长 2 235 m,坝垛 28 道。

《九五可研》规划坝垛 13 道,利用老坝垛 2 道,工程长 1 100 m。工程上部河分为两汊,右岸支汊水流冲刷滩岸严重;工程中部两股河合为一股,冲刷右岸工程及滩岸。2000年前后依现状滩岸走向新建 3 道护堤丁坝(31# ~ 33#)。2005 年以后因主流南移,造成河段右岸坐弯塌岸严重,约 1.7 km 的堤段主流距大堤不足 30 m,抢险修建 1 道丁坝;2008年、2009 年水流冲刷滩岸严重,两次造成近 400 m 堤防塌毁,给当地农民造成一定的经济损失。2009 年新建了 3 道丁坝(28# ~ 30#)。均未按规划治导线修建。

近期防洪工程建设,在永丰五队河湾上游进口处,修建人字垛 3 座(1#、3#、5#)、平顺护岸 3 段 288 m(2#、4#、6#)、丁坝 5 道(7# ~ 11#)。同时,考虑将水流送至跃进渠进水口,解决跃进渠引水困难问题,在河湾导送溜段实施丁坝 6 道(20# ~ 25#)。

1.1.2.4 中卫市沙石滩控导工程

工程位于河道右岸堤防桩号 32 + 400 ~ 35 + 300。工程修建于 20 世纪 80 年代,截至 2012 年,工程长 500 m,坝垛 10 道。

《九五可研》规划坝垛 11 道,利用老坝垛 2 道,工程长 1 000 m。工程处河心滩发育,河分为两汊,主汊多年来一直靠右岸行进。工程上游岸线已退至堤脚,水流直接顶冲右岸堤防;下段由于常年靠溜,岸线淘刷后退,水流已靠近老堤堤脚,特别是在下段两处坐弯严重堤段,岸线接近新堤。20 世纪八九十年代初抢险修建 10 个坝垛(1#、4#、8#、13#、15#、19#、20#、21#、11#、26#),有效缓解了水流对岸线的冲刷,但由于工程长时间受水流冲淘,护脚根石走失严重,工程破损严重,经常出险。

1.1.2.5　中卫市何营(赵滩)控导工程

工程位于河道右岸堤防桩号 37 +000 ~ 42 +000。工程修建于 20 世纪 90 年代,截至 2012 年,工程长 435 m,坝垛 4 道。

《九五可研》规划坝垛 15 道,利用老坝垛 4 道,工程长 1 600 m。工程位于中宝铁路桥上下游,桥梁修建于 1993 年。工程处河分两汊,主汊多年一直靠右岸行进,水流淘刷滩岸,大片耕地和护岸林塌入河中。"九五"以前,为保护岸滩,先后修建了 9 道坝、2 座人字垛、1 段护岸。近年来,水流逼近堤脚,直接威胁大堤,近期防洪工程建设修建人字垛 4 道 (24# ~ 27#)。

1.1.2.6　中卫市旧营控导工程

工程位于河道右岸堤防桩号 41 +700 ~ 42 +800。工程修建于 20 世纪 90 年代,截至 2012 年,工程长 1 560 m,坝垛 21 道。

《九五可研》规划坝垛 14 道,利用老坝垛 2 道,工程长 1 000 m。工程处河床心滩发育,河道分汊较多,右岸支汊冲刷滩岸;老工程为垂直于河流的两条丁坝,将水流导向左岸,由于丁坝挡距较宽,主流直接顶冲滩岸,造成右岸继续坍塌后退,威胁大堤。

1.1.2.7　中卫市马滩控导工程

工程位于河道右岸堤防桩号 44 +500 ~ 45 +500。工程修建于 1998 年以前,截至 2012 年,工程长 980 m,坝垛 17 道。

《九五可研》规划坝垛 13 道,利用老坝垛 4 道,工程长 1 000 m。工程前河道较窄,心滩发育,右岸支汊水流冲刷堤防严重,"九五"期间对 11#、13#老坝进行了加固,2000 年前后又新建 2#、3#、5#、-8#丁坝,加固 1#、4#丁坝,工程长度 1 000 m。确保了堤防的安全。2012 年洪水,水流顶冲堤防,岸线已坍塌后退至堤脚处。

1.1.2.8　中宁县泉眼山控导工程

工程位于河道右岸黄河一级支流清水河入黄口下游,宁夏固海扬黄工程和扶贫扬黄灌溉工程黄河水源泵站上下游。泵站扬水范围为固海、红寺堡灌区 70.0 万亩农田灌溉。工程修建于 2006 年,截至 2012 年,工程长 1 048 m,坝垛 21 道。

《九五可研》规划坝垛 28 道,利用老坝垛 8 道,工程长 2 400 m。由于工程上游清水河挟带大量的泥沙汇入,心滩发育,支汊较多,河势散乱,右岸主汊靠溜;冲刷滩岸,影响河段防洪安全和扬黄工程取水安全。1998 年以来,结合《九五可研》项目的实施,解决了固海扬黄和宁夏扶贫扬黄灌溉工程引水困难问题。2000 年修建 1# ~ 3#丁坝,2009 年建成 4# ~ 5#丁坝。由于该河段支汊发育,整治工程配套尚不完善,2012 年 5#丁坝下游水流坐弯,塌岸毁地现象仍有发生。

1.1.2.9　中宁县田滩控导工程

工程位于河道右岸堤防桩号 53 +500 ~ 54 +600。工程修建于 20 世纪 90 年代,截至 2012 年,工程长 1 861 m,坝垛 20 道。

《九五可研》规划坝垛 28 道,利用老坝垛 9 道,工程长 1 900 m。工程处河道较窄,左岸边滩发育,主槽靠右岸,冲刷堤防。2000 年建成 4# ~ 6#丁坝,加固利用 1# ~ 3#丁坝。近期防洪工程建设,新建 4 座人字垛(7#、10# ~ 12#)、8#护岸及短丁坝。由于工程的迎溜段较短,且老码头运行多年,护脚根石走失严重,2012 年汛期受主流淘刷,2#坝与 6#丁坝之间塌岸出险严重,危及堤防安全。

1.1.2.10　中宁县康滩控导工程

工程位于河道右岸中宁县原康滩村,修建于1999年,修建的工程均位于规划治导线以外。截至2012年,工程长1 775 m,坝垛20道。

《九五可研》规划坝垛18道,利用老坝垛9道,工程长1 500 m。工程前河道较窄,工程上游河分为两股,至工程前合为一股,冲刷右岸滩岸。1999年修建5道丁坝(3#、6#~9#)、1座人字坝(5#),加固利用2#坝,工程发挥了一定作用;但因水流坐弯严重,河岸仍然坍塌后退。2012年汛后,堤脚多处临水危及堤防安全。

1.1.2.11　中宁县中宁黄河大桥控导工程

工程位于河道右岸WN19断面下游,中宁黄河大桥下游。工程修建于1998年以前,截至2012年,工程长700 m,坝垛7道。

《九五可研》规划坝垛12道,利用老坝垛1道,工程长1 000 m。中宁黄河大桥修建于1986年,河出大桥后,分为两汊,右岸支汊冲刷滩岸。目前,工程有7道基本垂直于堤防的丁坝,将水流导向左岸。

1.1.2.12　中宁县营盘滩控导工程

工程位于河道右岸堤防桩号63 +000 ~67 +500。工程修建于20世纪90年代,截至2012年,工程长2 200 m,坝垛10道。

《九五可研》规划坝垛19道,利用老坝垛6道,工程长1 600 m。工程前河道较窄,工程对岸上游有张义沟汇入,河道心滩发育,分汊散乱,主汊靠右岸行进,冲刷滩岸。20世纪90年代先后修建8道丁坝。2012年汛期洪水期间,主流顶冲滩岸严重,"九五"以前的老工程坝裆间距大,岸滩淘刷严重,急需防护。

1.1.2.13　中宁县长家滩控导工程

工程位于河道右岸WN21断面下游。工程修建于1998年以前,截至2012年,工程长2 500 m,坝垛15道。

《九五可研》规划坝垛17道,工程长1 300 m。工程前河分为两汊,右岸支汊冲刷堤防。现状已修建垂直于堤防的10道丁坝。目前支汊过流较小,基本无险情。

1.1.2.14　中宁县红柳滩控导工程

工程位于河道右岸堤防桩号66 +500 ~69 +000,工程修建于20世纪90年代,截至2012年,工程长2 060 m,坝垛29道。

《九五可研》规划坝垛24道,利用老坝垛11道,工程长2 100 m。工程位于河道卡口处,上下游均较宽。工程依堤防走向修建呈"凸"形,工程前河分为两汊,右岸主汊冲刷滩岸,卡口以下呈顺河,现状依堤防修建垂直于堤防的长丁坝,将河势导向左岸,基本控制了河势。

1.1.2.15　吴忠市梅家湾控导工程

工程位于河道右岸吴忠市利通区秦坝关村以下约3.0 km,秦渠退水口处。工程修建于1998年以前。截至2012年,工程长1 957 m,坝垛24道。

《九五可研》规划坝垛17道,利用老坝垛9道。秦渠退水口位于17#、18#丁坝之间,工程长1 800 m。王老滩至梅家湾是微弯型整治效果明显的河段,梅家湾是该河段的最后一个弯道。左岸上游侯娃子滩送溜较好,由于工程年久失修,1996~2000年先后加固8#、23#人字垛,新建13#~25#丁坝,利用3#丁坝和5#、7#~10#人字垛,组成弯道工程。2012年由于河势上提,13#坝以上堤岸受主流直接顶冲,加之此段工程修建时间较长,根石淘刷丢失严重,4#老丁坝已于2010年塌毁,岸线失稳已威胁大堤安全。

1.1.2.16　吴忠市罗家湖控导工程

工程位于河道右岸金南干沟入黄口的下游,老堤防桩号17+700处。工程修建于1998年以前,截至2012年,工程长1 400 m,坝垛27道。

《九五可研》规划坝垛20道,利用老坝垛9道,工程长2 000 m。工程处河段心滩发育,右岸支汊冲刷滩岸。2005年前后修建了2#~4#丁坝。随着吴忠城区段堤路结合工程及南干沟改道工程的实施,以及上游汊河封堵工程被冲毁后,现主流临近堤防,直接顶冲南干沟口下游段的堤岸,严重危及堤防安全。2010年《黄河吴忠(青铜峡)市区段综合治理工程可行性研究》中将13#坝以下全改为平顺护岸。2011年又结合吴忠城区段综合治理,自金南干沟口至2#丁坝处新建了1段平顺护岸(1#),工程的修建对保护堤防安全发挥了重要作用。

1.1.2.17　青铜峡市苦水河口护滩工程

工程位于河道右岸支流苦水河入黄口,老堤防桩号27+300处,工程属于灵武管辖。工程修建于1998年以前,截至2012年,工程长580 m,坝垛21道。

《九五可研》规划坝垛12道,利用老坝垛6道,工程长1 000 m。工程位于叶盛黄河大桥上游0.6 km,桥梁修建于1970年。工程布置呈"凸"形,工程前河分为两股,右岸支汊冲刷滩岸严重。"九五"以前在苦水河口右岸修建了5座人字垛(2#、3#、6#~8#)、2道丁坝(4#、9#),对稳定河口右岸发挥了较大作用。近年来,光明弯道送溜至苦水河口弯道,水流直接顶冲苦水河口下游,5#垛已被冲毁。

1.1.2.18　灵武市种苗场控导工程

工程位于河道右岸黄河叶盛大桥下游灵武种苗场内,老堤防桩号34+150~36+450。工程修建于1998年以前,截至2012年,工程长3 819.2 m,坝垛25道。

《九五可研》规划坝垛26道,利用老坝垛10道,工程长2 500 m。工程前为多年形成的弯道,河分为两汊;近年来,河心滩右移,造成右汊过水断面减小,流速加大,塌岸加剧,已将1 000多亩农田和林地埋入河中。弯道进口段,水边线距防洪堤距仅40 m,严重威胁堤防安全。2001年在龙须沟下游修建丁坝6道,护堤保滩效果明显。近期防洪工程建设新建人字垛3道(10#、12#、14#)、平顺护岸2段(11#、13#)、短丁坝6道(7#~9#、15#~17#)。

1.2　仁存渡至头道墩河段

1.2.1　左岸控导工程

1.2.1.1　永宁县南方控导工程

工程位于河道左岸仁存渡下游永宁县望洪镇南方村,老堤防桩号43+700处。工程修建于1992年,截至2012年,工程长2 627 m,坝垛19道。

《九五可研》规划坝垛32道,利用老坝垛3道,工程长2 960 m。由于仁存渡至头道墩河段工程布点较少,沙质河床,主流频繁摆动,由于右汊萎缩,左汊过水断面加大,造成左岸河岸坍塌后退严重,大量果园、砖场坍入河中,并危及109国道、惠农渠、南方村的安全。

1992 年修建了 7 道丁坝,对缓解护岸坍塌起到了很大的作用,但由于投资有限,工程建设标准低,水流淘刷严重,工程年年出险。1999 年导流段修建了 9#、11#、13# 和 18# 人字垛,增强了工程的迎送溜能力,强化了河床边界条件。2000 年对工程进行了续建,新建 13#、15# 丁坝,新建 20# ~ 22# 人字垛和 23# 丁坝。近期防洪工程建设,在望洪渡口以下,主流顶冲严重段新建了 4 道丁坝(32# ~ 35#),2012 年汛期大水居中趋直,水流直趋工程末端,滩地坍塌严重,工程前河已合为一股,工程末端靠溜。

1.2.1.2　永宁县东河控导工程

工程位于河道左岸永宁县望洪镇,老堤防桩号 49 + 200 ~ 52 + 500。工程修建于 1998 年以前,截至 2012 年,工程长 290 m,坝垛 3 道。

《九五可研》规划坝垛 18 道,工程长 2 250 m。工程位于太中银铁路桥下游左岸 3.0 km 处,桥梁修建于 2011 年。东河弯道靠溜较好,由于工程较少,河势上提下挫严重。2000 年以后在距大堤最近岸线冲刷严重段,修建了 2 道人字垛(22# ~ 23#)和 1 段护岸(24#),组成护堤工程。2011 年桥梁修建后,水流入弯较好;2012 年洪水期间水流冲刷弯道,在堤防拐点处,水边线距堤防不足 30 m,威胁堤防安全。

1.2.1.3　永宁县东升控导工程

工程位于河道左岸中干沟入黄口。工程修建于 1999 年,截至 2012 年,工程长 1 464 m,坝垛 19 道。

《九五可研》规划坝垛 34 道,工程长 3 400 m。东升是历史上的险工段,1976 年以后,右岸上游北滩位置靠溜,河势依地形走向,折向东升险工段,滩地坍塌 1 000 m 左右,东升 2 个村坍入河中,塌断民生渠 300 m,冲毁堤防 3 000 m,河岸距惠农渠仅 250 m;为保证人民财产的安全,依堤防修建了护岸工程。但未能从根本上解决问题,之后又抛投了大量的铅丝笼块石和木架四面体,对局部段起到了一定的保护作用,但年修年冲,险工段逐步下移,坍岸不止,将大量农田坍入河中。1999 年以前(具体年份不详)依河岸地形走向,新建人字垛 9 座,加固人字垛 6 座;工程实施后,主流顶冲点下移,在送溜段又修建了 4 道丁坝,将溜势送出弯道。1999 年对工程进行了续建,新建了 16#、17# 丁坝;初步规顺了流路。2000 年又续建了 18#、19# 丁坝,确保了滩地的安全。

2000 年以后,在工程上游修建了浮桥,遏制了河势左移。目前工程已脱河,河势基本沿着右岸行进。目前工程的主要功能是防止中干沟入黄冲刷滩地。

1.2.1.4　银川兴庆区绿化队控导工程

工程位于河道左岸 WN21 断面下游。工程修建于 1998 年以前,截至 2012 年,工程长 100 m,坝垛 1 道。《九五可研》规划坝垛 11 道,工程长 1 200 m。《九五可研》规划的微弯型整治方案,该处进行了工程布点;但由于该河段主流一直沿着右岸行进,河势居中偏右,在一定范围内摆动,水流虽然冲刷滩地,但不威胁堤防安全。因此,工程一直未实施,现状工程已脱河。

1.2.1.5　银川兴庆区通贵控导工程

工程位于河道左岸八一沟入黄口下游银川兴庆区通东村。工程修建于 20 世纪 90 年代,截至 2012 年,工程长 1 170 m,坝垛 12 道。

《九五可研》规划坝垛 28 道,工程长 2 800 m。该河段上游未进行工程布置,河势多年依地形靠右岸下行,工程上游右岸有一支沟汇入,河依地形折向左岸通贵工程处。工程所处河段为砂质河床,抗冲能力弱,主流坐弯,滩地坍塌。20 世纪 90 年代末实施了 14# ~ 24# 丁坝。2012 年汛后河势下挫。

1.2.1.6 银川贺兰县关渠控导工程

工程位于河道左岸贺兰县潘昶乡关渠村,老堤防桩号 93 + 000 ~ 96 + 000。工程修建于 2002 ~ 2008 年。截至 2012 年,工程长 556 m,坝垛 6 道。

《九五可研》规划坝垛 34 道,工程长 2 800 m。该河段工程布置较少,河势依地形沿着右岸行进,工程右岸有一较大的导洪沟汇入,迫使主流偏离右岸,冲刷左岸滩地。2002 年以后,在水流淘刷位置修建了 15# ~ 20# 共 6 道丁坝。

1.2.1.7 银川贺兰县七一沟控导工程

工程位于银新沟入黄口的滩地。工程修建于 1998 年以前,截至 2012 年,工程长 60 m,坝垛 1 道。

《九五可研》规划坝垛 24 道,工程长 1 700 m。工程位于河道左岸陶零公路至关渠的直河段中部,作为直河段的控导护滩工程,由于通贵弯道的布点,溜势直接入下游右岸的陶乐农场弯道。《九五可研》规划的工程未实施,现工程已脱河。

1.2.1.8 银川贺兰县京星农场控导工程

工程位于河道左岸贺兰县京星农场处。工程修建于 1998 年之前,截至 2012 年,工程长 1 370 m,坝垛 13 道。

《九五可研》规划坝垛 38 道,工程长 2 800 m。工程前河床心滩发育,河分为两汊,左岸主汊水流冲刷滩岸、坐弯塌滩严重。1996 ~ 2000 年先后修建 13# ~ 25# 丁坝。由于工程长度较短,2012 年汛期工程的迎溜段、送溜段均出现坐弯、滩地坍塌现象。

1.2.2 右岸控导工程

1.2.2.1 灵武市北滩控导工程

工程位于河道右岸灵武市临河乡,永宁浮桥上游。工程修建于 1998 年,截至 2012 年,工程长 1 890 m,坝垛 16 道。

《九五可研》规划坝垛 38 道,工程长 3 800 m。1998 ~ 2001 年在水流顶冲段先后安排实施了 14 道丁坝(15# ~ 28#)。工程末端为永宁浮桥,由于浮桥卡口壅水,浮桥上游形成一较大的河心滩,浮桥上游河为两股,至浮桥河合为一股;右岸主汊冲刷滩岸。2002 年以后,水流直接顶冲岸滩,坐弯塌滩严重,水边线距堤防最近处不足 30 m,危及堤后临河工业区的安全。

1.2.2.2 银川右岸金水控导工程

工程位于河道右岸银川黄河公路大桥的下游。工程修建于 20 世纪 90 年代,截至 2012 年,工程长 1 470 m,坝垛 12 道。

银川黄河公路大桥修建于 2004 年,工程位于右岸桥梁下游,受桥梁影响,主河槽近年来一直靠右岸,受水流长期冲刷,经常塌滩、塌岸。2006 年自临河堡以北丁字路口处起至小马蹄沟过水路面止,沿河岸线修建了 2 778 m 平顺护岸(2#),近年又在金水处采用坝垛与平顺护岸相结合的整治方案,先后修建了 6 座人字垛(4# ~ 10#)、2 道丁坝(11# ~ 12#)

和一段平顺护岸(15#,为近期安排修建,长 660 m),修建的工程强化了河床边界条件,保障了机场高速的安全和 9# ~ 10# 人字垛之间的宁东水源泵站的引水安全。

2012 年银川市提出了《银川市滨河新区规划》,右岸为规划银川滨河新区的核心区。核心区西起黄河东岸,东至宁蒙省界及红石湾井田界,南起大任公路、大马蹄沟,北邻兵沟汉墓群,总面积为 125 km²。其战略定位是:依托"宁东"的产业平台与集群辐射,以及现有的兵沟汉墓、水洞沟、明长城和黄河金岸的旅游资源,以现代产业显著、综合服务高效、产城一体、宜业宜居的生态智慧新城区为特色,以合作、创新和服务为主题,充分发挥核心城区的区位优势,推进滨河新区与银川主城、宁东基地和沿黄城市带的协同发展,逐步把核心城区建设成为带动全区、服务沿黄、宜居宜业宜商宜游的国际化、现代化的创新型智慧产业生态新城,成为银川建设国家创新型城市的重要组成部分。为保障新区的开发、建设,金水控导工程尤为重要。

1.3 头道墩至石嘴山大桥河段

1.3.1 左岸控导工程

1.3.1.1 平罗县四排口控导工程

工程位于河道左岸平罗县通伏乡,第四排水沟入黄口上游,老堤防桩号 122 + 025 处。工程修建于 2000 年,截至 2012 年,工程长 2 901 m,坝垛 23 道。

《九五可研》规划坝垛 37 道,工程长 3 700 m。四排口是宁夏河段的重点防洪工程,几乎年年抢险。水流自上游右岸的下八顷转了近 90°大弯,主流直冲左岸,造成大片滩地坍塌入河,并曾两次冲毁堤防。为确保堤防安全,2000 年以前修了 1# ~ 4#、6# ~ 9# 丁坝。2002 年安排实施,2# ~ 4#、10#、11# 丁坝,对遏制河道畸形发展起了一定的作用,但由于河道整治工程较少,工程下游河岸缺乏有效防护,加之主流仍持续向左岸偏移,水流冲刷塌岸严重,堤防多次滑塌出险。2011 年修 6 个垛(险工),2012 年在滩地又修 5 道丁坝。2012 年汛后考虑到护滩优于护堤,并给抢险留有一定余地,工程布置在滩地,向河内移约400 m。

2011 年工程前有一大的河心滩,左岸主汊靠溜;2012 年洪水过后,四排口控导工程等于两道防线,由于滩地控导工程修建得较短,控导河势的效果不理想,河势下挫。

1.3.1.2 平罗县五香控导工程

工程位于河道左岸陶乐黄河大桥上游 2.8 km 处。工程修建于 1998 ~ 2002 年,截至2012 年,工程长 960 m,坝垛 9 道。

《九五可研》规划坝垛 15 道,工程长 1 600 m。工程所处河段,河势变化较大,河分为两汊,主汊在右岸;左岸支汊水流冲刷塌岸、毁田严重,为保滩护田,20 世纪 90 年代末安排实施 3# ~ 11# 丁坝。后支汊萎缩消失,现状工程在左岸滩地,脱河。

1.3.1.3 平罗县永光控导工程

工程位于河道左岸渠口乡河管所的下游。工程修建于 1998 年以前,截至 2012 年,工程长 60 m,坝垛 1 道。

《九五可研》规划坝垛 50 道,工程长 3 500 m。20 世纪 90 年代,河分为两汊,左岸支汊冲刷滩地,危及河管所的安全。随着时间的推移,左岸支汊逐渐萎缩消失,主流靠右岸行进。《九五可研》规划的工程未实施,现状工程已脱河。

1.3.1.4　石嘴山市惠农区统一控导工程

工程位于河道左岸灵沙乡统一村红岗支沟退水口。工程修建于1998年以前，截至2012年，工程长100 m，坝垛1道。

《九五可研》规划坝垛24道，工程长2 400 m。该河段为游荡型河道，根据微弯型整治规划方案，统一为规划弯道，由于右岸上游北滩弯道工程送溜段较短，送溜不力，统一弯道多年一直不靠河，河势居中下行。《九五可研》规划的工程一直未实施，现状工程脱河。

1.3.1.5　石嘴山市惠农区礼和控导工程

工程位于河道左岸惠农区礼和乡银河村上游。工程修建于2002年以前，截至2012年，工程长3 317.83 m，坝垛16道。

《九五可研》规划坝垛24道，工程长2 800 m。工程上游右岸为红崖子扬水弯道，由于工程较短、送溜不利；礼和工程前有一较大的河心滩，河分为两汊，支汊冲刷左岸及礼和泵站。1996～2000年修建泵站上游3#～5#丁坝、7#～8#人字垛，泵站下游10#～11#、13#、15#～17#丁坝，加固9#丁坝，利用2#、18#丁坝。近期防洪工程建设在已建2#丁坝上游，修建平顺护岸1道，长388 m。2012年有左岸支汊礼和供泵站引水，汛期洪水时弯道顶部淘冲严重，危及堤防安全。

1.3.1.6　石嘴山惠农区惠农农场

工程位于河道左岸都思兔河入黄口的对岸。其作用是防止都思兔河入流的冲刷。工程修建于1998年以前，截至2012年，工程长200 m，坝垛2道。

《九五可研》规划坝垛38道，工程长3 000 m。2000年以前，支流都思兔河水量较大，将黄河主河道推向左岸，冲刷滩岸严重。2000年以后，支流都思兔河入黄水量减少，河势居中下行。《九五可研》安排的工程未实施，现状工程已脱河。

1.3.1.7　石嘴山惠农区三排口控导工程

工程位于游荡型与峡谷型河道交汇点的左岸，石嘴山市惠农区城区段，石嘴山黄河大桥上游1.4 km处。工程修建于2008～2012年，截至2012年，工程长733.59 m。

《九五可研》规划坝垛1道，工程长1 000 m。长期以来，边溜冲刷，河岸坍塌严重。特别是随着近年来城市化建设发展及安置采煤塌陷区群众的需要，河段防洪治理要求日益紧迫。

1.3.2　右岸控导工程

1.3.2.1　都思兔河口控导工程

工程位于河道右岸都思兔河入黄口附近。工程修建于1998年以前，截至2012年，工程长600 m，坝垛6道。

《九五可研》规划坝垛35道，工程长3 500 m。该工程是都思兔河入黄口的控导工程，主要作用是防止都思兔河入流冲刷黄河岸滩。

1.3.2.2　巴音陶亥控导工程

工程位于河道右岸QS41断面下游。工程修建于1998年以前，截至2012年，工程长1 300 m，坝垛14道。多年来河势一直靠右岸行进，冲刷滩岸；工程主要起护滩的作用，工程型式为垂直于河流的丁坝。

2　险工

2.1　沙坡头坝下至仁存渡河段

2.1.1　左岸险工

2.1.1.1　中卫市李家庄护堤工程

工程位于河道左岸老堤防桩号 3 + 000 ~ 4 + 000。工程修建于 20 世 80 年代,截至 2012 年,工程长 1 000 m,坝垛 15 道。

《九五可研》规划坝垛 21 道,利用老坝垛 3 道,工程长 1 700 m。工程前河分两汊,主汊靠右岸,两汊分流比较稳定;左汊水流顺堤行洪,淘刷滩岸,威胁大堤安全。20 世纪 80 年代修建 6 座人字垛;90 年代又安排修建了 10#、11# 丁坝,对保护堤岸起到了很大作用,近年来,由于左汊坐弯加剧,水流对堤岸淘刷比较严重,威胁堤防安全;2012 年汛期由于水流淘刷滩岸,侯家 1#、2# 码头段塌陷。

2.1.1.2　中卫市新墩险工

工程位于河道左岸堤防桩号 11 + 500 ~ 13 + 800 处,城郊乡新墩村。工程修建于 20 世纪 80 年代,截至 2012 年,工程长 2 105 m,坝垛 22 道。

《九五可研》规划坝垛 18 道,工程长 1 500 m。工程处由于受右岸崾岘子山洪沟顶托,造成主流左移,毁堤坍岸严重,直接危及中卫市城区防洪堤的安全。20 世纪八九十年代汛期抢险中,陆续修建了 5 道丁坝(1#、3#、4#、10#、13#)和 2 座人字垛(7#、15#),4# 丁坝和 7#、15# 人字垛现已废弃。近期防洪工程建设,新建丁坝 2 道(9#、10#),新建人字垛 8 道(1# ~ 3#、5# ~ 7#、11#、13#),新建平顺护岸 3 段,长 558 m(4#,长 313 m;8#,长 129 m;12#,长 116 m)。2012 年河势下挫坐弯,滩地坍塌严重。

2.1.1.3　跃进渠退水口险工

工程位于河道右岸跃进渠退水口的上下游,为正丁坝。工程修建于 1998 年以前,截至 2012 年,工程长 1 000 m,坝垛 21 道。工程前河分为两汊,近期左岸支汊过流比较小,仅占全断面过流比的 10%,支汊冲刷滩岸严重。

2.1.1.4　中宁县郭庄护堤护滩工程

工程位于河道左岸堤防桩号 42 + 300 ~ 43 + 600。工程修建于 20 世纪 80 年代,截至 2012 年,工程长 1 400 m,坝垛 19 道。

《九五可研》规划坝垛 13 道,工程长 1 000 m。该河段较窄,工程处右岸边滩发育,左岸主河槽较窄,自 1979 年以来,主流一直靠左岸行进,水流冲刷堤防严重,岸线后退威胁堤防安全。20 世纪 80 年代陆续修建 8 个坝垛。"九五"期间加固了 2 道坝、4 座垛。由于工程运行多年,受水流冲淘,坝体沉陷变形严重。

2.1.1.5　中宁县石空(张台)湾护堤护滩工程

工程位于河道左岸堤防桩号 53 + 600 ~ 56 + 800。工程修建于 1996 年,截至 2012 年,工程长 1 530 m,坝垛 20 道。

《九五可研》规划坝垛 18 道,利用老坝垛 7 道,工程长 1 500 m。工程处心滩发育,支汊较多,左岸主汊冲刷滩岸。1996 ~ 2000 年先后修建了 6 道丁坝(新建 1# ~ 3#、5# ~ 7#)、加固利用人字垛 1 座(4#);2000 年后又修建了 6 + 1# 丁坝,工程的修建对岸线稳定发挥了重要作用。

2012 年汛期,由于工程长度不足,已建工程上、下游岸滩均受到主流冲刷,岸线坍塌后退,威胁堤防安全。

2.1.1.6　中宁县倪丁(北营)护堤护滩工程

工程位于河道左岸堤防桩号 57 + 600 ~ 58 + 600,工程修建于 1996 年,截至 2012 年,工程长 1 100 m,坝垛 15 道。

《九五可研》规划坝垛 12 道,利用老坝垛 8 道,工程长 1 000 m。工程位于中宁黄河公路大桥上游左岸,大桥修建于 1986 年。20 世纪 90 年代主流在左岸,顶冲滩岸,水边线距堤防较近,威胁堤防安全。"九五"以前修建坝垛 5 道座(1#~5#);1996 ~ 2000 年先后新建 8#、10#丁坝。近期在大桥右岸滩地修建了中宁枸杞博物园,严重侵占河道,目前河道宽仅 700 m;将主流逼向左岸,冲刷滩岸,由于河势下挫,顶冲位置下移到大桥附近。2012 年汛期工程全面临水,坝裆淘刷严重,威胁堤防安全。

2.1.1.7　中宁县黄庄护滩工程

工程位于河道左岸中宁县石空镇黄庄村,现堤防桩号 66 + 100 ~ 68 + 100。工程修建于 20 世纪 90 年代,截至 2012 年,工程长 1 420 m,坝垛 16 道。

《九五可研》规划坝垛 15 道,利用老坝垛 7 道,工程长 1 100 m。工程位于河道卡口处,河道心滩较多,水流散乱,左岸主汊水流顶冲堤岸,特别是 4#丁坝上游坐弯严重,造成滩岸、农田和堤防崩塌严重,险情不断。为遏制主汊水流冲刷滩岸,并有利于中宁电厂(在 7#、8#丁坝处布置一泵站)引水发电,2000 年以后新建 5#、7#丁坝,加固 6#坝。近期防洪工程建设中,4#丁坝上游,修建 2 座人字垛(1#、2#)、1 道丁坝(3#)。在中宁电厂取水泵站下游,主流淘冲堤防坐弯严重段布置丁坝 1 道(10#)。

2.1.1.8　中宁县童庄护堤护滩工程

工程位于河道左岸中宁县石空镇童庄村,现堤防桩号 65 + 000 ~ 69 + 400。工程修建于 1998 年以前,截至 2012 年,工程长 2 960 m,坝垛 26 道。

《九五可研》规划坝垛 23 道,利用老坝垛 9 道,工程长 1 400 m。工程位于心寺沟入黄口的上下游。工程前河床宽浅、沙滩密布,左岸主汊冲刷堤防。"九五"以前修建了 7 道丁坝,由于坝裆间距过大,毁堤塌岸险情仍未解决。近期防洪工程建设新建 2#~5#、10#、13#丁坝,7#、9#、12#、15#、16#人字垛,加固 6#、8#、11#、14#老码头,工程长度 1 412 m。2012 年洪水期间,工程上部又出现 2 处坍岸险情,距堤脚最近处不足 5 m,威胁堤防安全。

2.1.2　右岸险工

2.1.2.1　中卫市水车村护堤护滩工程

工程位于河道右岸的水车村。工程修建于 1998 年以前,截至 2012 年,工程长 400 m,坝垛 1 道。

《九五可研》规划坝垛 6 道,工程长 650 m。工程位于沙坡头水库坝下,河出峡谷段,河道顺直、窄深(河宽仅 300 m 左右),比降陡,流速大,右岸滩岸及羚羊角渠临河侧渠,常年受洪水冲刷浊退,2012 年汛后岸线距堤脚较近,对南干渠、堤防、村庄和引水口的安全已构成威胁。

2.1.2.2　中卫市张滩护堤工程

工程位于河道右岸老堤防桩号 5 + 000 ~ 6 + 000。工程修建于 20 世纪 80 年代,截至 2012 年工程长 320 m,坝垛 7 道。

《九五可研》规划坝垛 19 道,利用老坝垛 2 道,工程长 1 300 m。工程处为干流出峡谷的冲积扇段,心滩将水流分为两汊,主流从左汊通过,右岸水边线紧临大堤,工程下首河合为一股靠右岸行进。近年来水流淘刷岸滩加剧,岸线坍塌严重,局部水边线已基本靠堤。2012 年汛期该处受洪水顶冲,致使堤防冲刷塌陷 65.0 m,出险严重。

2.1.2.3　中卫市枣林湾(寿渠)护滩工程

工程位于河道右岸堤防桩号 10 + 000 ~ 11 + 700 处,常乐镇的枣林村。工程修建于 20 世纪 80 年代。截至 2012 年,工程长 2 200.5 m,坝垛 9 道。

《九五可研》规划坝垛 22 道,利用老坝垛 4 道,工程长 1 630 m。"九五"可研以后,在工程上游左岸修建了新弓湾工程,工程修建后,送溜入湾。工程前河分为两汊,左汊河道淤积萎缩,右汊在枣林湾处坐弯加剧,滩岸淘刷严重,堤防一旦决口,将造成羚羊寿渠被冲毁,使河南灌区 10.0 万余亩农田停灌,并淹没农田,危及枣林村安全。2005 年在临河塌岸严重段修建 2 道丁坝(4#、6#);近期防洪工程建设中,新建 3 道丁坝(5#、11#、12#),加固 2 座垛。

2.1.2.4　中卫市倪滩护岸工程

工程位于河道右岸堤防桩号 14 + 900 ~ 17 + 750 处,常乐镇的倪滩村。工程修建于 20 世纪 80 年代,当时仅修建 2 座丁坝。截至 2012 年,工程长 3 451 m,坝垛 32 道。

《九五可研》规划坝垛 24 道,利用老坝垛 10 道,工程长 2 400 m。工程自右岸羊圈沟起至中卫黄河大桥止,中卫黄河大桥上游的右岸,大桥修建于 1997 年。20 世纪八九十年代在羊圈沟下游侧陆续修建 5 座丁坝(4#、6#、8#、9#、11#)和 2 座人字垛(17#、18#)。2007 年以前,在左岸滩地修建了河滨水上乐园,侵占了大部分河道,将主流逼向右岸,危及堤防安全,堤防决口将直接危及倪滩村近千人生命安全和中静公路交通,对羚羊寿渠济南山台子扬水一泵站造成威胁,淹没农田近千亩。

近期防洪工程建设修建了 1# ~ 3# 人字垛,在导流段,为遏制坍岸兼顾规顺流路,新建 5#、7# 丁坝,加固整形 4#、6#、8#、9#、10# 坝;在送溜段布置 11# ~ 14#、17# 护岸,18# ~ 20# 丁坝,加固整修 15#、16# 旧坝,工程长度 2 148.0 m。

2.1.2.5　中卫市七星渠口护岸工程

工程位于河道右岸申滩渡口,右岸堤防桩号 20 + 500 ~ 21 + 500,七星渠引水口的上下游。七星渠设计引水流量 61 m³/s,除解决自流灌溉 32.4 万亩供水外,还承担宁夏扶贫扬黄灌区红寺堡扬水、固海扩灌扬水供水任务,引水口的稳定及供水量的保证程度高低,对灌区经济社会发展影响重大。工程修建于 20 世纪 90 年代,当时仅修建 9 座丁坝。截至 2012 年,工程长 2 322 m,坝垛 21 道。

《九五可研》规划坝垛 16 道(其中引水渠上游布置 7 座、引水渠下游布置 9 座),2 道平顺护岸,其中加固利用了 7 座人字垛(7#、8#、10# ~ 14#),工程长 750 m。工程位于右岸七星渠引水口的上下游,工程处心滩发育,河分为两汊,右岸主汊水流在渠道进水口前冲刷加剧,造成近 60.0 m 堤防临水冲刷,进水口下游堤防直接临水。为保证引水,进水口下游 20 世纪八九十年代先后修建 11 座人字垛;2006 年抢险时在引水渠渠口上游修建了 3

座垛(1#～3#,靠堤 3 个垛)、1 段护岸(4#)。

近期防洪工程建设,以七星渠进水闸为界,分上游和下游两段分别进行工程布置。进水闸上游,修建 1#～3#人字垛、4#护岸(长 202.9 m)。进水闸下游,自标准化堤防转弯段出口已建老码头起始,修建了 8#、10#、12#、14#、16#平顺护岸,为保证新老工程治理标准、外观协调一致,对 5#、6#、7#、9#、11#、13#、15#老码头进行加固整形,工程长度 935.0 m。2013 年 6 月黄河七星渠口段堤防应急加固工程实施了加 3#护岸,长 104.0 m。

2.1.2.6 中卫市许庄险工

工程位于河道右岸老堤防桩号 27 + 200 处。工程修建于 1998 年以前,截至 2012 年,工程长 700 m,坝垛 14 道。

《九五可研》规划坝垛 14 道,利用老坝垛 6 道,工程长 1 000 m。工程前河势多年靠右岸行进,现状有 14 道垂直于堤防的丁坝,丁坝坝裆距较宽,水流淘刷滩岸严重,威胁堤防安全。

2.1.2.7 青铜峡市细腰子拜险工

工程位于青铜峡黄河大桥以下 2.0 km,黄河右岸老桩号 3 + 750 处。工程修建于 1998 年以前,截至 2012 年,工程长 1 916 m,坝垛 17 道。

《九五可研》规划坝垛 14 道,利用老坝垛 6 道,工程长 1 700 m。青铜峡水库的溢流坝位于河道左岸,河出青铜峡后,沿着左岸下行至王老滩弯道,送溜至入细腰子拜弯道,工程靠溜较好。1999 年对送溜段 10#～22#垛进行了新建和加固,迎溜段考虑 8#垛的作用和造纸厂、树脂厂的排水出路,修建了 520 m 的平顺护岸。2000 年安排了 7#护岸、加固了 9#人字垛,以增加工程的迎溜能力。2002～2005 年续建了 23#、24#丁坝。2012 年主流顶冲淘刷工程的上游河岸,岸线退至距堤防仅 60 m 处。

截至 2011 年,规划工程全部建设完成。细腰子拜是青铜峡防洪的重点,是洪水淹没吴忠市的入口,也是历年抢险的关键部位,肩负着吴忠市和河东灌区工农业生产和人民财产的安全保障,工程极为重要,历年工程投资力度较大。

2.1.2.8 青铜峡市河管所(蔡家河口)险工

工程位于河道右岸青铜峡市新建公路桥以下 1.8 km,堤防桩号 11 + 200 处。工程修建于 1998 年以前,最后一个丁坝为 20 世纪 80 年代修老坝头。截至 2012 年,工程长 767 m,坝垛 15 道。

《九五可研》规划坝垛 7 道,利用老坝垛 5 道,工程长 1 000 m。工程上游左岸犁铧尖弯道送溜直接顶冲堤岸,威胁大堤安全。1996～2000 年在工程迎溜段和送溜段先后修建了 3#～12#人字垛(其中 3#、4#、8#、9#、12#为老垛加固),13#、14#(为利用老丁坝)丁坝。

2.1.2.9 吴忠市古城工程护岸工程

工程位于河道右岸石中高速公路下游约 2.0 km 处,新建堤防桩号 23 + 300～24 + 600,城西排水沟上游。工程修建于 2002 年,截至 2012 年,工程长 850 m,坝垛 19 道。

《九五可研》规划坝垛 17 道,利用老坝垛 7 道,工程长 1 450 m。工程处河道心滩较多,左岸滩地发育,将主河槽推向右岸。工程前河分为两汊,主汊靠右岸行进,冲刷堤防,直接威胁堤防和古城村庄安全。"九五"以前修建了 1 座人字垛(12#),2000 年以后修建了 7 道丁坝(7#～10#、14#～16#)、2 座人字垛(6#、13#);2011 年在 16#坝下游,结合吴忠城区段综合治理,又新建了一段平顺护岸(17#);2002 年修建 1# ~ 5#、8#人字垛;2007 年修建 9# ~ 11#丁坝。

2.1.2.10　吴忠市华三护岸工程

工程位于河道右岸,现堤防桩号 27 + 000 ~ 31 + 000,清水沟从 26#护岸和 27#丁坝之间入黄河。工程修建于 1998 年以前,截至 2012 年,工程长 1 299 m,坝垛 21 道。

《九五可研》规划坝垛 13 道,利用老坝垛 10 道,工程长 1 500 m。工程位于大古铁路桥的右岸,桥梁修建于 1994 年;桥上游右岸有支流清水河汇入。工程所在河道心滩发育,水流分两汊,主汊靠右岸,水流顶冲堤防严重,危及滩地华二、龙一、华三村约 5 000 人和近 1.0 万亩农田的安全。20 世纪八九十年代先后在清水河上游修建了 22#丁坝、25#人字垛,清水河下游修建 5 道丁坝(26# ~ 29#、34#)。2000 年以后依堤防走向修建 2 道丁坝(23#、24#)。近期防洪工程建设在主流顶冲严重的堤段新建 1 道丁坝(21#)、3 座人字垛(19#、20#、31#)、2 段护岸(30#、32#),2012 年汛期抢险时修建了 37#丁坝。

近年来,主流靠右岸吴忠一侧行河,右岸冲刷严重。2012 年汛期,古城至苦水河口岸线部分塌至堤防坡脚附近,严重威胁堤防安全。

2.2　仁存渡至头道墩河段右岸险工

工程位于河道右岸老堤防桩号 113 + 650 处,是游荡型河段的起点,兴庆区与平罗县的县界处,工程下首为山嘴。工程修建于 1998 年以前,截至 2012 年,工程长 1 370 m,坝垛 26 道。

《九五可研》规划坝垛 26 道,利用老坝垛 2 道,工程长 2 000 m。工程下首有一凸出的山嘴,由于送溜工程仅至山嘴,河出山嘴后成顺河,加之河床组成为粉细砂,弯道上下游滩地抗冲能力弱,受主流顶冲,坍岸严重。1999 年汛前修建 4# ~ 19#丁坝,工程实施后对遏制河岸坍塌,保护公路安全发挥了明显的作用。因受河势变化的影响,河势上提下挫严重,在迎溜段主溜顶冲严重,有抄工程后路的趋势。1999 年以后又续建了迎溜段 1# ~ 3#丁坝、送溜段 20#丁坝。迎溜段靠河不靠溜;送溜段较短,冲刷山嘴下游滩岸。

2.3　头道墩至石嘴山大桥河段右岸险工

2.3.1　平罗县下八顷险工

工程位于河道右岸老堤防桩号 119 + 400 处,平罗县陶乐镇境内。工程修建于 1998 年以前,截至 2012 年,工程长 1 577.1 m,坝垛 24 道。

《九五可研》规划坝垛 26 道,利用老坝垛 9 道,工程长 3 000 m。下八顷与上游头道墩为同向河湾,头道墩弯道下游有一凸出的小山嘴,将河导出弯道,下八顷弯道河势多数年份河不入湾,工程尾部靠溜,依地形河势居中偏右,呈南北横河至四排口弯道。工程所处河道为粉细砂质河床,抗冲能力差,河势摆动频繁,坍岸毁田现象不断,危及高仁镇南干渠安全。1999 年以前修建 6 道正挑丁坝;但由于工程布局不合理,工程建设标准低,坝垛挡距过大,水流在坝前坐弯,水流淘刷严重。1999 年主流顶冲将南干渠塌断,大片农田灌溉受到影响。1999 年二期和 2000 年一期安排修建了 9# ~ 12#、15#、16#丁坝,工程段长 660 m。2002 年二期又续建 13#、14#、17#、18#丁坝,工程段长度 620.7 m。2006 年由于黄河来水量较大及河势变化,工程尾部水流冲刷滩岸坍塌严重,为增强工程的送溜能力,保证农田正常灌溉,根据区治河办的计划安排续建22#~25#丁坝,工程长度306 m。近期防洪工程建设在泵站上游侧主流顶冲严重段,新建平顺护岸1道,长517 m。

2.3.2　平罗县六顷地险工

工程位于河道右岸平罗县陶乐镇境内,老堤防桩号129 +400处。工程修建于1998年以前,截至2012年,工程长2 097 m,坝垛17道。

《九五可研》规划坝垛20道,利用老坝垛8道,工程长2 000 m。工程所在河道为沙质河床,抗冲强度弱,河从四排口弯道直接送溜至六顷地,冲刷滩岸严重,塌岸毁田现象不断,并造成六顷地扬水站取水困难。2004年因主流冲刷,大片农田、引水渠道塌入河中,平罗县组织干部群众及武警官兵奋战抢险了20多天,修建坝垛4道;2005年以后实施了24#~27#丁坝。近期防洪工程建设在泵站引水口下游主流顶冲严重段,修建12道丁坝(12#~23#)。2012年洪水期间河势上提,工程全线靠溜。

2.3.3　平罗县青沙窝护滩工程

工程位于平罗黄河公路大桥上游右岸3.5 km处,是2012年洪水抢险修建的工程。2012年洪水期间,六顷地险工靠溜,由于工程较短送溜不力,河势在着溜点处折向左岸,受局部河心滩的影响,水流顶冲东来点下游的金沙窝滩地,滩地坍塌严重,威胁村庄安全。主流顶冲造成大量滩地塌失,岸线后退162.0 m,当地群众反映强烈。为控制塌岸损失,在抢险过程中,投入了大量人力、物力,修建丁坝5道(1#、8#、9#、12、13#),但由于当时水位持续抬升,9#、12#丁坝之间的滩地淘刷仍在发展,施工难度加大,使得抢险无法继续,不得已采用在河心滩疏浚的方法,有效降低了水位。

2.3.4　平罗县东来点护滩工程

工程位于平罗黄河公路大桥右岸,老堤防桩号133 +400处,平罗黄河大桥将工程分为上下两段。工程修建于1998年以前,截至2012年,工程长1 403 m,坝垛19道。

《九五可研》规划坝垛28道,利用老坝垛6道,工程长2 300 m。"九五"以前修建了5道丁坝(1#、2#、4#、6#、8 +1#),1998 ~1999年建成大桥上游的5道丁坝(3#、5#、7# ~9#)。1999 ~2000年建成桥下游9道丁坝(10# ~18#)。2005年平罗黄河大桥建成后,桥上游形成一较大的河心滩,将河分为两汊,桥梁上游右岸为支汊,冲刷滩地;左岸主汊顺桥梁自左向右,在桥梁下右岸合为一股,顶冲滩岸,滩地坍塌严重,距陶乐镇区(原陶乐县城)不足500 m,严重威胁镇区防洪安全。近期防洪工程建设在主流顶冲严重河段,加固1道丁坝(18#)、下延1道丁坝(19#)。2012年汛期东来点工程出险严重。

2.3.5　平罗县黄土梁(施家台)险工

工程位于河道右岸老堤防桩号143 +400处,工程修建于1998年以前,截至2012年,工程长100 m,坝垛3道。

《九五可研》规划坝垛17道,工程长2 490 m。河出东来点险工后,一直沿着右岸下行至黄土梁,受局部地形的影响,折向左岸,冲刷滩岸。2012年汛后,由于工程较少,水流淘刷滩岸严重,已形成一较大的河湾。

2.3.6　平罗县北崖险工

工程位于河道右岸平罗县陶乐镇北崖村,老堤防桩号146 +650处。工程修建于1998年以前,截至2012年,工程长2 765.8 m,坝垛25道。

　　《九五可研》规划坝垛21道,利用老坝垛4道,工程长2 800 m。河出左岸上游邵家桥弯道后,送溜至北崖弯道,由于河床组成为粉细砂,抗冲能力差。主流摆动频繁,北崖弯道塌岸毁田现象不断,已危及岸边村庄、学校等的安全。2003年前后修建了22#～24#、26#、27#丁坝。由于修建的坝垛数较少,塌岸没有得到有效遏制;近期防洪工程建设安排在主流顶冲严重段,新建7座人字垛(14#～20#)、13道丁坝(28#～40#),加固1座人字垛(25#)。

2.3.7　平罗县三棵柳险工

　　工程位于河道右岸平罗县陶乐镇三棵柳扬水站下游1.7 km。工程修建于1998～2002年,截至2012年,工程长174 m,坝垛3道。

　　《九五可研》规划坝垛29道,工程长2 300 m。三棵柳险工与下游右岸红崖子扬水险工为同向河湾,该河段河势多年一直靠右岸行进,冲刷堤防,威胁堤防及S203公路的安全。

2.3.8　平罗县红崖子扬水险工

　　工程位于河道右岸平罗县陶乐镇红崖子扬水站下游500 m处,老堤防桩号162+200处,工程修建于1998年以前,截至2012年,工程长180 m,坝垛5道。

　　《九五可研》规划坝垛27道,工程长2 560 m。红崖子扬水险工与上游右岸三棵柳险工为同向河湾,该河段河势多年一直靠右岸行进,冲刷滩岸,由于送溜工程较短,造成对岸礼和泵站脱溜。

参 考 文 献

[1] 钱宁,周文浩.黄河下游河床演变[M].北京:科学出版社,1965.

[2] 钱宁,张仁,周志德,等.河床演变学[M].北京:科学出版社,1987.

[3] 武汉水利水电学院河流动力学及河道整治教研组.河流动力学[M].北京:中国工业出版社,1961.

[4] 武汉水利电力学院河流泥沙工程学教研室编.河流泥沙工程学[M].北京:水利出版社,1980.

[5] 谢鉴衡,丁俊松,王运辉,等.河床演变及整治[M].北京:水利水电出版社,1991.

[6] 谢鉴衡.江河演变与治理研究[M].武汉:武汉大学出版社,2004.

[7] 胡一三.中国江河防洪丛书·黄河卷[M].北京:中国水利水电出版社,1996.

[8] 胡一三,张红武,刘贵芝,等.黄河下游游荡性河段河道治理[M].郑州:黄河水利出版社,1997.

[9] 何翔,蔺志刚,王春荣,等.黄河宁夏河道治理规划报告[R].银川:宁夏水利水电勘测设计院,1991.

[10] 孙建书,哈岸英,韩基冠,等.黄河宁夏段2001年至2005年防洪工程建设可行性研究[R].银川:宁夏水利水电勘测设计院,2000.

[11] 孙建书,柳东海,陈天伟,等.黄河宁夏段近期防洪工程建设可行性研究[R].银川:宁夏水利水电勘测设计研究院有限公司,2009.

[12] 陈立国,顺靖超,朱思远,等.黄河宁夏段河道治理技术应用集成与研究[R].银川:宁夏水利科学研究所,2001.

[13] 黄河水利科学研究院,河南黄河河务局,等.黄河下游游荡性河道河势演变机理及整治方案研究[R].郑州:黄河水利科学研究院,2005.

[14] 张红武,郑筱明,王光谦,等.宁夏黄河下河沿至青铜峡库尾段河道整治模型试验研究[R].北京:清华大学,宁夏黄河整治工程指挥部,2004.7.

[15] 张红武,郑筱明,王光谦,等.宁夏黄河青铜峡至石嘴山河段河道整治模型试验研究[R].北京:清华大学,2004.

[16] 张俊华,许雨新,张红武,等.河道整治及堤防管理[M].郑州:黄河水利出版社,1998.

[17] 周丽艳,兰翔,陈翠霞,等.宁夏黄河干流河型及成因研究[J].泥沙研究,2016(2):52-56.

[18] 李文家,王红声,周丽艳,等.黄河宁蒙河段1996至2000年防洪工程建设可行性研究[R].郑州:黄河勘测规划设计研究院,1996.

[19] 胡建华,王敏,周丽艳,等.黄河宁蒙河段2001至2005年防洪工程建设可行性研究[R].郑州:黄河勘测规划设计研究院,2002.

[20] 胡建华,叶春江,周丽艳,等.黄河宁蒙河段近期防洪工程建设可行性研究[R].郑州:黄河勘测规划设计研究院,2002.

[21] 胡建华,侯晓明,周丽艳,等.黄河宁夏河段二期防洪工程可行性研究[R].郑州:黄河勘测规划设计有限公司,2014.

[22] 周丽艳,侯晓明,陈翠霞,等.黄河宁夏河段微弯整治方案适宜性评价[R].郑州:黄河勘测规划设计有限公司,2015.

[23] 岳崇诚等.黄河河防词典[M].郑州:黄河水利出版社,1995.

[24] 涂启华,杨赉斐,等.泥沙设计手册[M].北京:中国水利水电出版社,2006.